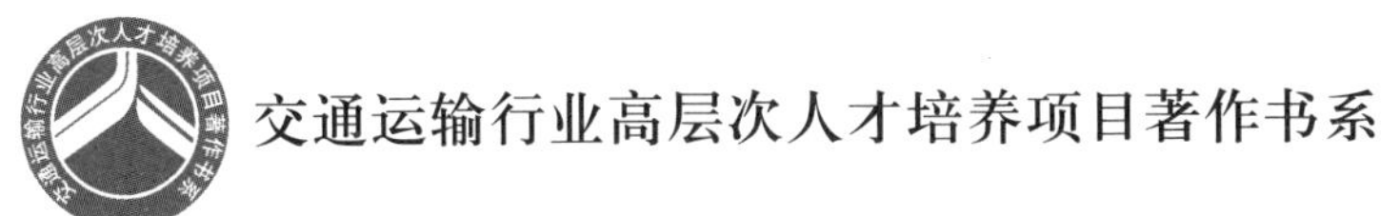

张俊光 著

PBL加劲型方钢管混凝土轴压柱受力性能试验研究

Study on the Mechanical Performance of Concrete-Filled Square Steel Tube of PBL Stiffened Type Under Axial Compression Performance

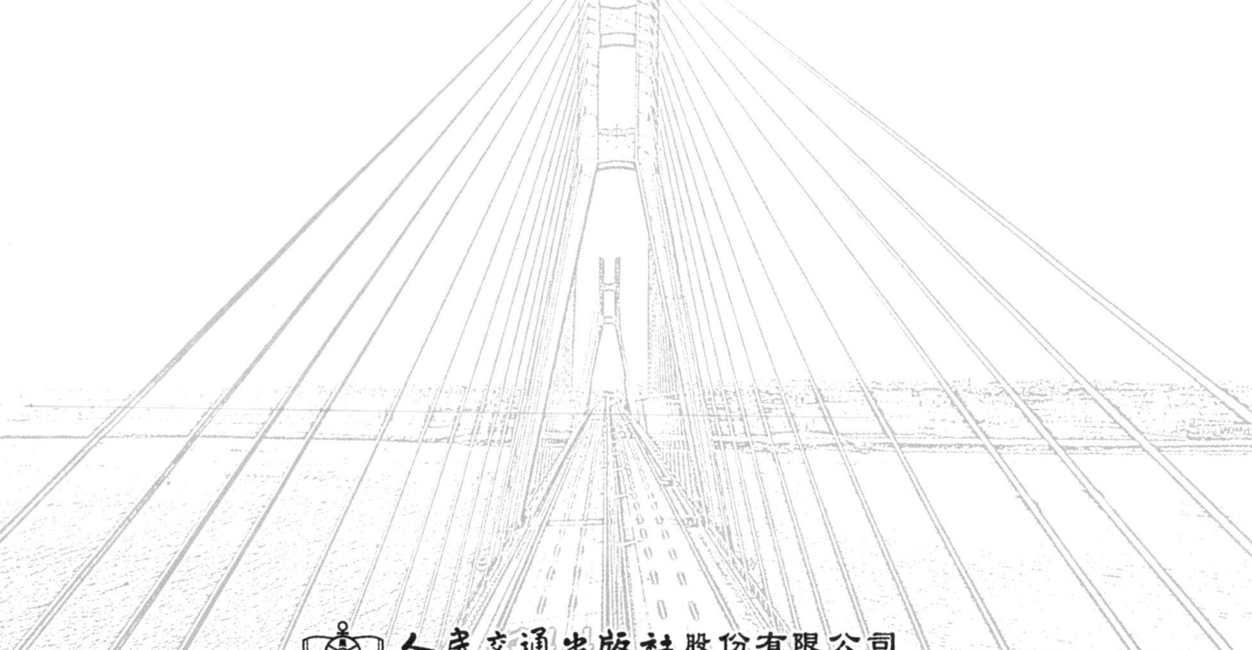

内 容 提 要

本书为“交通运输行业高层次人才培养项目著作书系”中的一本。本书对PBL加劲型方钢管混凝土组合柱的轴压受力性能和破坏机理进行了研究,并将其应用于方钢管混凝土拱桥中,研究了其在力学性能方面的优势,为其在桥梁工程中的应用提供了依据。本书内容包括绪论、PBL加劲型方钢管混凝土轴压短柱试验、PBL加劲型方钢管混凝土轴压短柱有限元分析、PBL加劲型方钢管混凝土轴压短柱设计方法研究、PBL加劲型方钢管混凝土轴压长柱试验研究、PBL加劲型方钢管混凝土拱桥力学性能研究等。

本书可供从事钢混组合结构桥梁科研人员参考,也可供高等院校土木工程专业的在校师生学习参考。

图书在版编目(CIP)数据

PBL加劲型方钢管混凝土轴压柱受力性能试验研究 / 张俊光著. — 北京 : 人民交通出版社股份有限公司, 2018.8

ISBN 978-7-114-14564-3

Ⅰ. ①P… Ⅱ. ①张… Ⅲ. ①钢管混凝土结构—轴压比—受力性能—性能试验—研究 Ⅳ. ①TU370.2

中国版本图书馆CIP数据核字(2018)第190033号

交通运输行业高层次人才培养项目著作书系

书　　名: **PBL加劲型方钢管混凝土轴压柱受力性能试验研究**

著 作 者: 张俊光

责任编辑: 潘艳霞

责任校对: 宿秀英

责任印制: 张　凯

出版发行: 人民交通出版社股份有限公司

地　　址: (100011)北京市朝阳区安定门外外馆斜街3号

网　　址: http://www.ccpress.com.cn

销售电话: (010)59757973

总 经 销: 人民交通出版社股份有限公司发行部

经　　销: 各地新华书店

印　　刷: 北京印匠彩色印刷有限公司

开　　本: 787×1092　1/16

印　　张: 9

字　　数: 195千

版　　次: 2019年2月　第1版

印　　次: 2019年2月　第1次印刷

书　　号: ISBN 978-7-114-14564-3

定　　价: 60.00元

书系前言

Preface of Series

进入21世纪以来,党中央、国务院高度重视人才工作,提出人才资源是第一资源的战略思想,先后两次召开全国人才工作会议,围绕人才强国战略实施做出一系列重大决策部署。党的十八大着眼于全面建成小康社会的奋斗目标,提出要进一步深入实践人才强国战略,加快推动我国由人才大国迈向人才强国,将人才工作作为"全面提高党的建设科学化水平"八项任务之一。十八届三中全会强调指出,全面深化改革,需要有力的组织保证和人才支撑。要建立集聚人才体制机制,择天下英才而用之。这些都充分体现了党中央、国务院对人才工作的高度重视,为人才成长发展进一步营造出良好的政策和舆论环境,极大激发了人才干事创业的积极性。

国以才立,业以才兴。面对风云变幻的国际形势,综合国力竞争日趋激烈,我国在全面建成社会主义小康社会的历史进程中机遇和挑战并存,人才作为第一资源的特征和作用日益凸显。只有深入实施人才强国战略,确立国家人才竞争优势,充分发挥人才对国民经济和社会发展的重要支撑作用,才能在国际形势、国内条件深刻变化中赢得主动、赢得优势、赢得未来。

近年来,交通运输行业深入贯彻落实人才强交战略,围绕建设综合交通、智慧交通、绿色交通、平安交通的战略部署和中心任务,加大人才发展体制机制改革与政策创新力度,行业人才工作不断取得新进展,逐步形成了一支专业结构日趋合理、整体素质基本适应的人才队伍,为交通运输事业全面、协调、可持续发展提供了有力的人才保障与智力支持。

"交通青年科技英才"是交通运输行业优秀青年科技人才的代表群体,培养选拔"交通青年科技英才"是交通运输行业实施人才强交战略的"品牌工程"之一,1999年至今已培养选拔282人。他们活跃在科研、生产、教学一线,奋发有为、锐意进取,取得了突出业绩,创造了显著效益,形成了一系列较高水平的科研成果。为加大行业高层次人才培养力度,"十二五"期间,交通运输部设立人才培养专项经费，重点资助包含“交通青年科技英才”在内的高层次人才。

人民交通出版社以服务交通运输行业改革创新、促进交通科技成果推广应用、支持交通行业高端人才发展为目的，配合人才强交战略设立“交通运输行业高层次人才培养项目著作书系”（以下简称“著作书系”）。该书系面向包括“交通青年科技英才”在内的交通运输行业高层次人才，旨在为行业人才培养搭建一个学术交流、成果展示和技术积累的平台，是推动加强交通运输人才队伍建设的重要载体，在推动科技创新、技术交流、加强高层次人才培养力度等方面均将起到积极作用。凡在“交通青年科技英才培养项目”和“交通运输部新世纪十百千人才培养项目”申请中获得资助的出版项目，均可列入“著作书系”。对于虽然未列入培养项目，但同样能代表行业水平的著作，经申请、评审后，也可酌情纳入“著作书系”。

高层次人才是创新驱动的核心要素，创新驱动是推动科学发展的不懈动力。希望“著作书系”能够充分发挥服务行业、服务社会、服务国家的积极作用，助力科技创新步伐，促进行业高层次人才特别是中青年人才健康快速成长，为建设综合交通、智慧交通、绿色交通、平安交通做出不懈努力和突出贡献。

交通运输行业高层次人才培养项目
著作书系编审委员会
2014 年 3 月

作者简介

Author Introduction

张俊光，1982年9月生，博士，博士后，教授级高工。交通运输部青年科技英才，内蒙古自治区"草原英才"创新团队核心成员，内蒙古自治区标准化专家库专家，内蒙古自治区公路建设与养护技术院士工作站学术带头人，内蒙古自治区道路与结构材料重点实验室和内蒙古自治区公路建设与养护技术工程实验室学术带头人，自治区"草原英才"工程后备人选，入选内蒙古自治区新世纪"321"人才工程、自治区青年创新拔尖人才工程。现任内蒙古自治区公路气象灾害预警与处置工程技术研究中心主任，《内蒙古公路与运输》杂志副主编，长沙理工大学研究生导师，山西省黄土地区公路建设与养护技术交通行业重点实验室客座研究人员。

主持和作为主要负责人参与完成国家自然科学基金、西部交通建设科技项目、交通运输部应用基础研究项目、教育部新世纪优秀人才支持计划、陕西省自然科学基础研究计划、广东省交通运输厅科技项目、内蒙古交通运输厅科技项目等科研课题19项。参与的科研项目先后获得2011年中国公路学会及钢结构协会科技进步二等奖、2017年中国公路学会科技进步三等奖。已在国内外重要学术刊物上公开发表论文40余篇，其中SCI、EI检索8篇；公开发表专利30余项；参编中国公路学会标准1部、地方标准2部。

前　言

Foreword

近30年来,钢管混凝土拱桥在中国的应用虽然取得了巨大的成就,我国已建成钢管混凝土拱桥数以百计,最大跨径达到了460m,这证明了钢管混凝土在桥梁工程领域具有广阔的应用前景。但由于至今尚未出版相应的技术标准,设计与施工主要引用建筑结构领域的相关研究成果,其理论研究相对滞后。由于钢管混凝土拱桥的拱肋与建筑结构中的钢管混凝土框架柱在施工方法(钢管安装、混凝土灌注)、荷载与作用(温度作用等)、节点构造(梁柱节点、直接焊接钢管节点)等方面存在较大的差异,因此钢管混凝土拱桥应用于实际工程中尚存较多问题,其中主要存在以下三方面问题:

(1)钢管混凝土拱的组合效应与界面性能。钢管混凝土的组合效应主要体现在轴向压力作用下的套箍效应,其前提是:混凝土泊松比超过钢管泊松比,钢管环向受拉并对管内混凝土形成约束,从而成倍地提高管内混凝土的强度和延性。在实际工程的正常使用阶段,管内混凝土一般处于弹性工作状态,其泊松比约0.17,小于钢的泊松比0.3;同时,受收缩徐变等影响,服役期间钢管混凝土界面黏结应力很可能被克服而脱空(界面脱黏和剪切滑移——环向与纵向脱空);受日照温差、混凝土填充质量等影响,其脱空程度可能更大。从实桥调查来看,目前比较多的钢管混凝土拱桥都出现了不同程度的脱空。

(2)钢管混凝土拱内力传递机理与节点性能。若节点区域出现钢管混凝土界面脱空,则有可能出现荷载传至钢管后无法有效传递至管内混凝土。对于建筑结构的钢管混凝土框架柱,梁—柱节点处钢管通常设内(外)加强法兰或加劲肋等,而且由于楼层不高,每层楼面梁传递过来的剪力较小,其管内混凝土填充质量也易于控制,因此其管内混凝土的内力传递与节点区域以外钢管混凝土的组合效应不存在问题。

钢管混凝土拱桥一般都是钢管先合龙,钢管作为拱架先受力,管内混凝土通常由拱脚向拱顶泵送浇筑,填充质量较难控制,加上收缩徐变、温度等的影响,出现诸如脱空等各种病害的概率较高。实际工程中,通常采用控制管内混凝土填充质量、添加微膨胀剂、控制合龙段混凝土合龙温度等措施来防止脱空,但其对提高界面力学性能有限。

(3)钢管混凝土的结构形式。钢管混凝土构件具有良好的抗压性能,适用于轴心受压构件和小偏心受压构件,不宜用作受弯构件,因此桥梁工程中,钢管混凝土的应用优势目前主要体现在钢管混凝土拱桥中,这使得其应用空间受到很大的限制。

从受力角度看,桁架杆件以轴心受力为主,材料的力学性能能够得到最有效的利用,是大跨径结构最适宜的形式之一。因此钢管混凝土如果用于梁式体系桥梁,桁架结构是比较理想的结构形式,具有以下优势:在桁架的受压杆件中采用钢管混凝土构件,可以充分发挥钢管混凝土的抗压性能,防止钢管壁局部失稳;在桁架的受拉弦杆中采用钢管混凝土构件,有利于施加预应力,提高桁架的强度和刚度,降低桁架的高度,从而降低用钢量,并满足建筑净空的使用要求;在桁架弦管内填充混凝土,可以提高桁架节点的刚度和承载力,提高桁架节点的疲劳性能。因此,与钢桁架或混凝土桁架相比,由钢管混凝土杆件组成的桁架结构,其技术经济效益非常显著,在大跨、重载结构中具有良好的应用前景。

从钢管混凝土截面形式看,钢管混凝土截面形式主要有圆形钢管截面和方(矩形)钢管截面,其中方钢管混凝土目前仅在建筑结构中得到大量应用。圆形钢管混凝土套箍效应显著、延性好,但钢管存放、运输和安装就位相对困难,连接构造复杂。与此相反,方钢管混凝土的主要缺点是其套箍效应不明显,但同样具有较好的延性,且易于获得较高的抗弯刚度。

为改善钢管混凝土界面和节点力学性能、加强钢管混凝土组合效应,拓宽钢管混凝土结构应用形式,本书提出一种新型的钢管混凝土结构——PBL加劲型方钢管混凝土结构,即在钢管混凝土钢管内壁设置开孔钢板纵向加劲肋。具有以下作用:开孔钢板作为钢与混凝土界面PBL连接件,可增强钢管混凝土界面黏结强度,防止钢管混凝土界面的脱空和相对滑移,将钢管荷载可靠地传至管内混凝土,有利于改善节点性能;对于矩形钢管混凝土,开孔钢板纵肋作为钢管截面组成的一部分,可增强钢管对混凝土的约束,提高套箍作用,改善其组合工作性能;开孔钢板作为纵向加劲肋参与钢管混凝土截面受力,改善钢板的局部屈曲性能,提高钢管径(宽)厚比的限值,降低用钢量。

PBL加劲型钢管混凝土改善了钢管混凝土组合界面的力学性能,提高了节点传力的可靠性;采用矩形钢管混凝土截面,其抗压、抗弯及稳定性均较好,且节点构造简单,施工简便,更具优势,应用前景广阔。进行这一新型结构形式的研发,研究其钢管与混凝土组合界面性能与节点性能,探明其组合效应、钢管混凝土结构构件之间、钢与混凝土之间的传力机理;提出其合理的纵肋布置形式、开孔形式、承载力计算方法、工程设计方法等,具有重要的理论意义与工程意义。

本书共分为6章:第1章绪论;第2章PBL加劲型方钢管混凝土轴压短柱试

验;第 3 章 PBL 加劲型方钢管混凝土轴压短柱有限元分析;第 4 章 PBL 加劲型方钢管混凝土轴压短柱设计方法研究;第 5 章 PBL 加劲型方钢管混凝土轴压长柱试验研究;第 6 章 PBL 加劲型方钢管混凝土拱桥力学性能研究。本书所研究的 PBL 加劲型方钢管混凝土是对钢管结构和钢管混凝土结构形式的创新,对于丰富和发展钢管结构和钢管混凝土结构理论,对于进一步提高我国大跨桥梁工程领域的自主创新能力和技术水平,均具有重要现实意义。本书得到国家自然科学基金的资助,同时,得到长安大学刘永健教授的悉心指导,特此致谢!

作　者

2018 年 1 月

目　录

Contents

第1章 绪　　论

随着我国基础设施建设的不断发展和完善,土木工程的发展进入了一个崭新时期。以满足交通需求为主的大跨径、重荷载、轻盈美观的桥梁已经成为桥梁工程的一个发展方向。钢管混凝土是钢—混凝土组合结构中的一种,它以承载力高、自重轻、抗震性能好、施工方便等突出优点,在大跨度桥梁、城市立交、高层和超高层建筑、地铁车站、海洋平台等工程中得到了广泛应用,取得了良好的经济效益和社会效益[1-2]。

1.1 研究背景及意义

钢管混凝土(Concrete Filled Steel Tube,简称 CFST)是由混凝土填入钢管而形成的一种组合材料。钢管混凝土工作的基本原理可以总结为两方面:①借助内填混凝土增强钢管管壁的稳定性。对于薄壁钢管而言,在承受较大荷载时,钢管临界承载力极不稳定,容易出现局部的屈曲,钢管内填充混凝土能够防止或推迟薄钢管过早发生局部失稳,增强钢管管壁的稳定性;②钢管对混凝土的约束,使管内混凝土在轴压荷载下,处于三向受压状态,延缓了混凝土受压时的纵向开裂,使管内混凝土具有更高的变形能力和抗压强度。因此,通过两种材料互相组合克服了各自的缺点,充分发挥了彼此的长处,从而大幅提高钢管混凝土的承载能力。钢管混凝土的承载能力通常高于钢管和管内混凝土承载力之和,即产生了所谓的“1 + 1 > 2”的组合效果,并使混凝土的塑性和韧性性能大为改善[1-15]。

与传统的钢筋混凝土结构相比,钢管混凝土结构还具有很多优点:

(1)钢管混凝土组合结构是高强轻质的高效结构材料,其单位重量的承载力与钢材接近,甚至可能比钢材还要强,可以提高承载力,减小截面面积,满足大跨重载桥梁结构的需要。

(2)钢管可以用作施工模板,浇筑混凝土时,减少支模、拆模等工序,施工方便;还可以当作施工时的劲性骨架,在施工过程中起劲性骨架的作用,简化施工安装工艺,缩短工期。

(3)钢管兼有纵向钢筋和横向钢筋箍筋的作用。钢管的制作远比钢筋骨架的制作经济,而且方便泵送浇筑混凝土;与普通钢筋混凝土柱相比,在保持承载能力相同和用钢量相近的前提下,构件的横截面面积可减小约一半,混凝土、水泥用量以及构件自重能够减少约50%。

(4)钢管混凝土结构塑性韧性好,耐疲劳、耐冲击,能够满足桥梁安全运营的需要和抗震的要求。

(5)能够适应桥梁工程向高耸、大跨、重载方向发展,满足在恶劣条件下工作的需要,符合现代施工技术的工业化要求。

目前,有关钢管混凝土的研究仍然是组合结构中研究的热点。工程领域中应用的钢管混凝土构件横截面形式主要有:圆形、方形、矩形和多边形钢管混凝土等,如图 1.1 所示,其中圆形截面和方形、矩形截面应用较多。方形、矩形钢管混凝土与圆钢管混凝土相比,虽然承载力没有圆钢管混凝土高,但由于其具有截面相对开展,抗弯刚度大,抗弯能力好,节点构造简单,且在实际工程中易于安装等,因此方形、矩形钢管混凝土在实际工程中有着良好的应用前景。

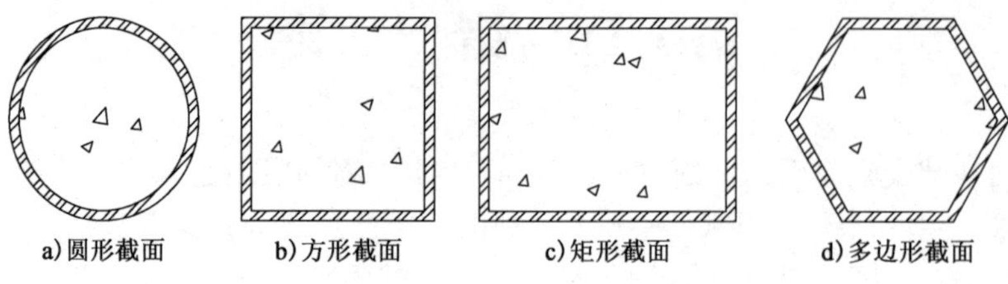

图 1.1　钢管混凝土常用截面形式

钢管混凝土结构也在不断丰富和发展中。近年来,许多新型组合柱相继出现并且应用越来越广泛。如:中空夹层钢管混凝土、钢筋加劲钢管混凝土、带角隅钢管混凝土、带约束拉杆钢管混凝土等[16-25]。随着大跨、重载桥梁结构的不断涌现,大尺寸截面的钢管(箱)柱应用越来越广泛。钢管(箱)柱截面尺寸的大型化,使得其局部稳定问题更为突出。一方面为了防止钢管(箱)壁板局部失稳,提高钢管(箱)柱的受力性能,通常在钢管(箱)截面内侧布置加劲肋;另一方面为了减小钢材的用钢量,优化设计,可以在结构受力较大的区域部分填充混凝土,充分利用钢与混凝土各自的优点提高承载力。因此,设加劲肋钢管(箱)混凝土柱作为结构工程中新型的一种组合结构形式应运而生(图 1.2)。

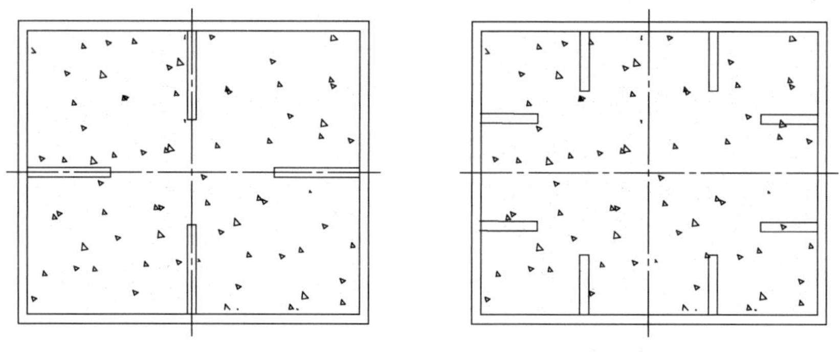

图 1.2　设加劲肋钢箱混凝土的截面形式

钢管混凝土的组合效应主要体现在轴向压力作用下的套箍效应,其前提是:混凝土泊松比超过钢管泊松比,钢管环向受拉并对管内混凝土形成约束,从而成倍地提高管内混凝土的强度和延性。实际工程中,正常使用阶段,管内混凝土一般处于弹性工作状态,其泊松比约 0.17,小于钢的泊松比 0.3;同时,受收缩徐变等影响,服役期间钢管混凝土界面黏结应力很可能被克服而脱空(界面脱黏和剪切滑移,即环向与纵向脱空);若受日照温差、混凝土填充质量等影响,其脱空程度可能更大。相关文献研究表明:钢管混凝土出现脱空之后严重影响其极限承载能力[26-28]。随着钢管(箱)柱截面尺寸的大型化,钢—混凝土界面上的脱空问题可能更为严重,为此本书在总结以往对钢管混凝土柱和设加劲肋钢箱混凝土柱研究成果的基础上,提出了一种重载柱设计的新模式,即基于“剪力钉”有助于界面作用的一种新结构——PBL 加劲型方钢管混凝土组合柱,如图 1.3 所示。PBL 是德文 Perfobond Leiste(PBL)

的缩写,英文称为 Perfobond Strip(PBS),是一种新型的剪力键,中国文献中一般称为 PBL 键,本书特指开圆孔或半圆孔而形成的加劲肋。

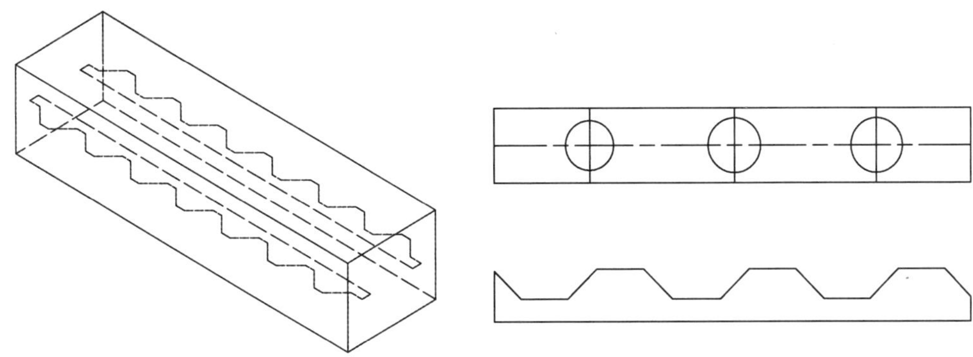

图 1.3 钢管混凝土的截面形式

这种组合柱相对于设加劲肋钢管(箱)混凝土柱的区别是加劲肋采用开孔钢板形式(图 1.3)。其具有如下特点:

(1)这种组合柱是在设加劲肋钢管混凝土柱的加劲肋上面开孔,开孔的形式可以是圆形和多边形。

(2)加劲肋开孔之后钢管与混凝土形成一个整体,可以有效防止混凝土与钢管壁的脱空,提高钢与混凝土的组合作用。

(3)具有普通矩形钢管混凝土的特点,相对于圆形钢管混凝土连接构造简单,受力明确。

(4)加劲肋既可有效防止钢管壁的局部屈曲,又可增大钢与混凝土的接触面积,提高构件的延性。

(5)可用于高耸结构、超高层建筑、桥梁桥塔、桥墩以及拱桥的拱肋中,有效减小构件截面面积,并且能提高桥梁的抗震性能。

(6)经济性好。相关文献表明[29-30]设加劲肋方钢管混凝土柱与方钢管混凝土柱相比,节省了约 42% 的钢材费用,降低了 35% 的工程造价,经济效果显著,加劲肋开孔之后的经济性会更为可观。

PBL 加劲型方钢管混凝土是对钢管结构和钢管混凝土结构形式的创新,对丰富和发展钢管结构和钢管混凝土结构理论,进一步提高我国工程领域的自主创新能力和技术水平具有重要现实意义。

本书所研究的 PBL 加劲型方钢管混凝土组合柱是在普通钢管混凝土组合柱、设加劲肋钢管混凝土组合柱和 PBL 剪力键基础上研发的新型组合柱。故将主要针对普通钢管混凝土、设加劲肋钢管混凝土和 PBL 剪力键的发展应用与研究现状展开论述。

1.2 钢管混凝土的应用与发展

钢管混凝土结构在土木工程中的应用已超过 100 年。1879 年完工的英国赛文(Severn)铁路桥的桥墩是较早使用钢管混凝土柱的工程之一,为了防止空钢管锈蚀,其桥墩采用了钢管内填充混凝土。之后,在 1901 年,Sewell. J. S. 第一个发表文章报道了方形钢管混凝土柱的应用情况,认为钢管内填充了混凝土不仅能防锈,还能提高其承载力和刚度。1907 年美国的 Lally 公司首次给出圆形钢管混凝土柱的承载力计算公式，此后这种被称为 Lally Column 的圆形钢管混凝土柱在一些单层和多层房屋建筑中得以应用。1930 年，法国巴黎郊区建造过一座 9m 跨度的钢管混凝土上承式拱桥——Ibis 桥；1937 年苏联列宁格勒(现俄罗斯圣彼得堡)建造了一座横跨涅瓦河跨径为 101m 的下承式钢管混凝土拱桥；1939 年，在西伯利亚依谢季河上建成了跨度 140m 的上承式钢管混凝土铁路拱桥[11]。

到了二十世纪六七十年代，钢管混凝土结构技术在一些厂房、多层建筑和桥梁工程以及特种结构工程中得到了一定的应用。但是由于当时钢管内灌注混凝土的施工工艺尚未完全解决，使得现场施工工艺十分烦琐。在这个阶段，钢管混凝土在施工方面的优势并未得到应有的发挥，钢管混凝土的应用和发展进入了一个瓶颈期[1]。

二十世纪八九十年代，泵送混凝土技术开始出现并得到广泛的应用，这使得现场浇筑钢管内混凝土的难题得到解决，所以这种具有特殊优点的结构又受到了广泛的关注。钢管混凝土结构技术在美国、日本、法国、澳大利亚等国的一些高层建筑和桥梁工程中得到了广泛应用，例如：美国 Gateway Tower 大厦、Pacific First Center 大厦和西雅图的 Two Union 广场大厦，法国钢管混凝土梁式桥 Maupre 桥，墨尔本公共卫生中心办公大楼等。

我国于 20 世纪 50 年代末开始进行钢—混凝土组合结构的研究，1963 年的北京地铁车站工程的墩柱成功采用了钢管混凝土柱。进入 70 年代后，钢管混凝土柱在国内得到了进一步的推广应用，如首都地铁二期环线工程中所有的站台柱、本溪钢铁公司二炼钢轧辊钢锭模车间的刚架柱等。

进入 20 世纪 90 年代，钢管混凝土柱在很多高层建筑得到应用，发展迅速。如：高层建筑中采用钢管混凝土柱的有 28 层的厦门金源大厦、28 层的广州嘉骏大厦、88 层的深圳地王大厦、68 层的深圳赛格广场、38 层的天津今晚报大厦等。钢管混凝土在桥梁工程中的应用发展也十分迅速。例如：1991 年建成的跨度为 115m 的第一座钢管混凝土公路拱桥——四川省旺苍县东河大桥，拱肋内填 C30 混凝土，由上下两根钢管 $2\phi800\times10$ 组成哑铃形截面。1993 年建成通车的跨度为 120m 中承式钢管混凝土拱桥——浙江新安江望江大桥，拱肋采用了 $2\phi900\times(10\sim14)$ 哑铃形截面。1995 年竣工的跨度为 200m 的中承式钢管混凝土拱桥——广东南海三山西桥，主跨拱肋由 4 根 $\phi0.75$m 的钢管混凝土组成[31]。1997 年建成的桥长 420m 的劲性钢管混凝土骨架拱桥——重庆万州长江大桥。钢管混凝土拱桥的截面形成如图 1.4 所示。在这个阶段，钢管混凝土还在一些连续刚构桥、连续梁桥和斜拉桥的主梁中得到了应用。例如：1996 年建成通车的广东南海紫洞大桥，其主桥采用跨径为 69m + 140m + 69m 的双塔三孔单索面斜拉桥，其主梁采用了钢管混凝土桁架结构。1997 年建成通车的四川万州大桥为连续刚构桥，其主梁的下弦、边孔桁架腹杆以及中孔采用了钢管混凝土。

目前，全国已建成的钢管混凝土拱桥已经超过 300 座[11]，例如，我国 2006 年建成的当时世界跨度最大的钢管混凝土公路拱桥——桥长 360m 的广州丫髻沙大桥。下承式系杆拱桥——跨度 168m 天津塘沽彩虹大桥，中承式系杆拱桥(飞鸟式)——跨度 113m 的广东佛山佛陈大桥，上承式无铰拱桥——跨度均为 160m 的湖北宜昌黄柏河大桥，中承式无铰拱桥——跨度 270m 的广西三门江大桥，还有采用矩形钢管混凝土拱肋的宁波院士桥、嘉兴申嘉湖高速公路三店塘大桥等，如图 1.4 所示。

a) 四川旺苍东河大桥

b) 广东南海紫洞大桥

c) 广州丫髻沙大桥

d) 重庆万州长江大桥

e) 宁波院士大桥

f) 嘉兴申嘉湖高速公路三店塘大桥

图 1.4 钢管混凝土拱桥的截面形式

钢管混凝土除了用于钢管混凝土拱桥之外,还被应用于桥梁的桥塔和桥墩。如:西班牙 1992 年修建的跨径为 200m 的阿拉米罗大桥,桥塔总高 134.25m,横截面采用了直径为 2 ~ 4m 的变截面中空圆柱倾斜桥塔[32,33]。我国曾在南海的紫洞大桥[34]和重庆万州万安大桥两座斜拉桥中采用钢管混凝土组合桥塔[35]。

对钢管混凝土桥墩的研究主要是在 1995 年的阪神地震发生后,由于地震区大量钢筋混凝土桥墩和钢桥墩的毁坏,引起了广大研究者对新的抗震结构的探索[36]。钢筋混凝土桥墩和钢桥墩地震破坏形式如图 1.5 所示,钢管截面屈曲形式如图 1.6 所示。我国对钢管混凝土桥墩的研究还较少,但自 20 世纪 80 年代以来,已有零星采用钢管混凝土桥墩的工程实践[36],见表 1.1。

a)钢筋混凝土桥墩　　b)钢桥墩

图 1.5　桥墩地震破坏形式

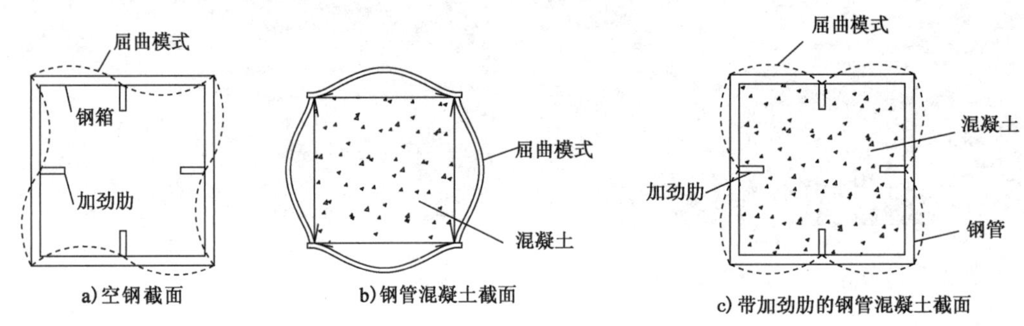

a)空钢截面　　b)钢管混凝土截面　　c)带加劲肋的钢管混凝土截面

图 1.6　钢管截面屈曲形式

钢管混凝土桥墩在我国的工程应用实例[36-38]　　表 1.1

桥　名	跨径(m)	钢管尺寸(cm)	建成时间(年)	备　注
魏家岭跨线桥	24 +2 ×35 +24	90 ×1	—	连续梁墩柱
天津市某立交桥	4 ×84	—	1982	连续梁墩柱
深圳北站大桥	150	ϕ280 ~340	2000	系杆拱桥墩柱
河津—晋城高速公路某跨线桥	126	104	—	连续箱梁桥某部分桥墩
兰州雁盐黄河桥	85 +127 +85	350 ×2	2003	系杆拱桥墩柱
南京龙池立交桥	21 +2 ×35 +21	140 ×1	—	连续梁墩柱
腊八斤特大桥	105 +2 ×200 +105	ϕ132 ×1.8	2012	连续刚构桥桥墩

相同截面尺寸下,钢管混凝土桥墩具有承载能力高、刚度大、延性好等优点,见图 1.7[15],与钢筋混凝土桥墩和钢桥墩相比,很适合用作桥梁的墩柱。与建筑结构领域中的钢管混凝土柱相比,钢管混凝土桥墩的主要特点是[9]:

(1)因桥梁跨径和承受荷载较大等原因,钢管混凝土桥墩的截面尺寸相对较大;

(2)对于钢管混凝土桥墩,因为截面尺寸较大,所以在钢管管壁内可以设置剪力键或加劲肋,特别是对于矩形、方形截面;

(3)轴压比相对建筑结构领域中的柱子要小。

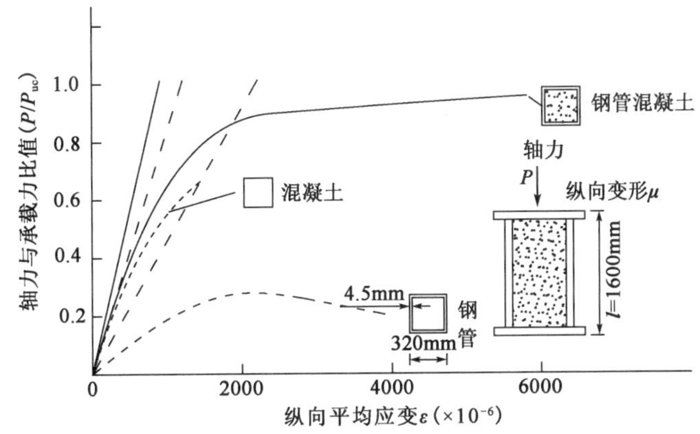

图1.7 等截面钢管、混凝土及钢管混凝土构件的轴力—平均应变关系对比

注:$\varepsilon=\mu/L$。

随着钢—混凝土组合结构的不断发展,其在桥塔和桥墩中应用的优势也越来越明显,钢管混凝土凭借其良好的综合性能具有广阔的发展前景。

1.3 钢管混凝土的研究现状

1.3.1 国内外钢管混凝土研究现状

目前,国内外有关普通圆形钢管混凝土的研究已经进行了很多,技术相对比较成熟,方形钢管混凝土是矩形钢管混凝土的一种特殊截面形式。本书将针对方形、矩形钢管混凝土的研究现状进行分析。

国外主要在20世纪60年代以后开始对方钢管混凝土进行研究。1967年Furlong进行5根轴压短柱和17根偏压短柱的试验研究,研究结果表明方钢管混凝土的承载力仅为钢材和混凝土承载力的简单叠加[39]。1977年Tomii和Sakino进行268根圆形、方形和八边形钢管混凝土的试验研究,其中方钢管混凝土构件60根,试验变化的主要参数为混凝土强度、截面宽厚比和高宽比,研究结果表明:方钢管混凝土的纵向应力—应变关系曲线有明显下降段,对于截面宽厚比为70的构件,大部分试件的极限承载力低于钢材和混凝土承载力的简单叠加。

1988年,Liu和Goel对循环荷载作用下的矩形钢管混凝土支撑构件进行了研究,主要研究了钢管中有无混凝土、混凝土强度、宽厚比和长细比等因素对构件力学性能的影响,详细阐述了空钢管和内部填充混凝土后钢管作为支撑受力构件的屈曲模式,钢管内部填充混凝土后改变了钢管的屈曲模式,在循环荷载作用下能够延缓钢管上裂缝的出现,混凝土的存在能够减少空钢管中截面模量迅速降低的趋势,使这种支撑结构具有更好的耗能能力[40]。

1989—1990年,Shakir-Khalil等人分别进行了7根矩形钢管混凝土的试验研究和9根矩形钢管混凝土压弯构件的试验研究,研究结果表明:破坏模式为整个构件挠度过大而发生屈曲破坏,试验中钢管没有发生屈曲现象[41-42]。

1990 年，Cederwall. K. 等人进行了 18 根矩形钢管高强混凝土短柱和长柱研究，试验结果表明：荷载—位移曲线有两个明显的关键点，一个是受拉区的钢材达到屈服强度，另一个是受压区的钢材达到屈服强度。试件的承载力主要是由钢材屈服强度来决定；钢管对混凝土的约束效应使得钢管混凝土构件具有较好的延性；混凝土强度越高，试件的延性越差[43]。

1993 年，Matsui. C. 等人对 30 根未填混凝土方钢管和内部填充混凝土长柱进行了研究，改变的主要变化参数为长细比和荷载偏心，研究结果表明：钢管混凝土构件的破坏分为三种模式：一是柱子较短、长细比较小时发生压溃破坏；二是比较高的柱子且偏心较大的柱子，柱子达到极限承载力时跨中截面的弯矩接近截面的极限抗弯承载力，此时柱子的破坏属于出现塑性铰的梁破坏模式；三是长细比较大柱子，典型的破坏模式为弯曲屈曲破坏[44]。

1997 年，O′Shea 和 Bridge 等人对 12 根方形空钢管和 17 根方形钢管混凝土轴压构件的力学性能进行了研究，进行了 4 种加载模式下的试验研究：第一种是荷载作用在空钢管上；第二种是荷载作用在钢管上且内部填充混凝土；第三种是钢管和混凝土同时受力；第四种为核心混凝土单独受力，同时采用有限条法对薄壁钢管混凝土中钢管的弹性屈曲系数进行了计算[45]。

1998 年，Wang Y. C. 进行了 8 根矩形钢管混凝土柱和 7 根型钢外包混凝土柱研究。试件的加载模式为在两端进行偏心方向相反的等距离加载，构件的弯曲模式为双向弯曲。主要研究目的是校核欧洲规程 EC4 和英国规程 BS5400 的正确性。研究结果表明：基于英国规程 BS5900 的计算结果要比欧洲 EC4 的计算结果更接近于试验结果[46]。

1998 年，Schneider 对 5 根方形和 6 根矩形钢管混凝土轴压短柱进行了试验研究，试验过程中发现试件达到极限承载力之前表面没有明显的屈曲现象产生。另外文章中还采用 ABAQUS 有限元程序对钢管混凝土构件的力学性能进行了分析，理论计算结果和试验结果基本吻合[47]。

2000 年，Uy Brian 进行了 20 根薄壁方钢管混凝土偏压短柱，5 根纯弯构件研究，试件的主要变化参数为截面宽厚比和偏心距。在试验过程中试件出现了比较明显的局部屈曲现象，因此当构件的宽厚比较大时，建议在规范中考虑局部屈曲的影响[48]。

2002 年，Varma 等人进行了 8 根方钢管高强混凝土研究，试件的加载模式为先施加轴力，然后保持轴力的大小不变，再施加弯矩。研究结果表明：方钢管高强混凝土的弯曲延性随着轴力和截面宽厚比的增加而逐渐降低[49]。

2003 年，Dalin Liu、Wie-Min Gho 等进行了 22 根高强度矩形混凝土（CFSHS）的短柱极限承载力试验研究，改变的试验参数主要是混凝土材料强度和矩形钢管的纵横向比值，研究结果表明：柱子的破坏模式和普通钢材的钢管混凝土柱的破坏模式相近[50]，按照 EC4、AISC 和 ACI 计算的承载力与试验值的误差分别是 6%、16% 和 14%，均低估了极限荷载[51]。

国内对方钢管混凝土的研究要晚于国外，主要是在 20 世纪 80 年代以后。1985 年张正国进行了 51 根方钢管混凝土轴压短柱的试验研究，含钢率在 2.7% ~28.8% 之间变化。研究结果表明：方钢管混凝土轴压短柱具有很好的塑性，其延性既优于钢筋混凝土又优于空钢管；核心混凝土受到约束后强度有所提高，影响混凝土强度提高幅度的主要参数是含钢率[52]。

1986 年，罗力对 30 根方钢管混凝土轴压长柱进行了试验研究，混凝土强度在 24.11 ~

38.56MPa,构件高宽比在7～28之间变化,截面宽厚比在21～75之间变化,并对钢板局部屈曲做了初步探讨,从防止钢管壁发生弹性局部屈曲的角度出发,给出了计算最小含钢率的公式,利用切线模量理论导出由构件纵向应变表达的临界状态稳定方程[53]。

1989年,张正国又进行了18根方钢管混凝土偏压短柱研究,研究结果表明:方钢管混凝土偏压短柱也存在约束效应使核心混凝土强度提高,受压区核心混凝土的极限强度可取与轴压短柱相同[54]。

1993年,张正国建立了方钢管混凝土轴压构件的切线模量理论临界荷载计算公式和压溃荷载的计算方法[55]。1997年王菁等人提出了既适用于方钢混凝土轴压长柱,又适用于中短柱的切线模量理论方法,并给出了简化的解析计算式[56]。1998年黄玉盈、李四平等人给出了偏心受压方钢管混凝土柱极限承载力的计算公式,并考虑了构件的初始缺陷[57]。

1998年,陶忠对20根方钢管混凝土轴压试件,8根方钢管混凝土纯弯构件和29根方钢管混凝土压弯构件进行了研究,并采用纤维模型法对方钢管混凝土中长柱和纯弯构件的力学性能进行了分析,于2001年对方钢管混凝土双向压弯构件的承载力进行了理论分析,并给出了简化计算方法[58]。

1999年,吕西林、余勇等进行了6根方钢管混凝土轴压短柱的试验研究,编制了适合方钢管混凝土结构分析的三维非线性有限元计算程序,研究结果表明:方钢管混凝土柱的约束作用集中在截面的角部区域,核心混凝土的承载能力也主要由方钢管的两个斜对角区域提供[59-60]。

2000年,张素梅等进行了36根方钢管混凝土轴压短柱的力学性能试验研究,根据试验结果采用剥离分析法,从试验中剥离出钢管和混凝土各自承担的纵向应力,最后通过试验数据回归提出了适用于方钢管混凝土中方钢管和核心混凝土各自的纵向应力—应变关系[61]。

2001年,叶再利等进行了24根方钢管和44根矩形钢管高强混凝土轴压短柱的试验研究,含钢率从5%变化到20%。研究结果表明:由于钢管与混凝土的相互作用,矩形钢管混凝土承载力高于钢管和混凝土简单叠加,提高幅度约为5%～20%,在受力过程中,钢管和混凝土的纵向应力不同时达到最大值,钢管纵向应力最大值出现在极限承载力之前[62]。

2001年,韩林海进行了8根方钢管和8根矩形钢管混凝土轴压短柱的试验研究,含钢率在10%～13%之间,并且研究了混凝土浇筑方法对矩形钢管混凝土力学性能的影响。研究结果表明:混凝土的浇筑方法对组合柱弹性阶段的弹性刚度有很大影响,用振捣棒振捣过的钢管混凝土的刚度比用手工振捣过的钢管混凝土的刚度高10%～35%。2001年,韩林海等人又进行了4根方钢管和20根矩形钢管混凝土的试验研究,含钢率在8.6%～26.5%之间变化。研究结果表明:钢管混凝土的套箍系数越高,构件强度指数越大,对应的延性指数越大[63-64]。

2002年,郭兰慧、田华等人对34根方形、矩形钢管高强混凝土纯弯、轴压和压弯中长柱进行了研究,并采用数值分析的方法分析了矩形钢管高强混凝土构件的力学性能。研究结果表明:在试件达到极限承载力之前,钢管出现了局部屈曲的现象,屈曲时的波长近似等于板的宽度,长柱的承载力主要和构件的长细比有关,截面长宽比对构件的承载力影响较小[65]。

2002年,王秋萍对26根圆形、方形和八边形薄壁钢管混凝土轴压短柱进行了试验研究。

试验结果表明:对于方钢管混凝土,当荷载约达到极限荷载的 26% ~44%(普通混凝土)、30% ~65%(轻集料混凝土)时,钢管出现了局部屈曲现象,接近峰值承载力时其他部位的钢管也出现了局部屈曲现象,钢管表面呈连续的波状屈曲且两个波峰的间距近似等于板的宽度[66]。

2004 年,曹宝珠对 14 根薄壁方形、八边形钢管混凝土轴压和偏压长柱进行了研究,主要研究了截面宽厚比、长细比、偏心率和混凝土强度对薄壁钢管混凝土力学性能的影响。研究结果表明:方形薄壁钢管混凝土长柱主要表现为整体失稳破坏,轴压构件和偏压构件的破坏模式基本相同,当荷载达到极限荷载的 30% ~40% 时,有轻微的钢板与混凝土剥离声产生;当荷载达到极限荷载的 70% ~80% 时,长柱受压侧钢管有明显的局部屈曲现象产生;当达到极限荷载失去稳定时,构件均发生较大的弯曲变形[67]。

2005 年,徐政等人对截面长宽比为 2.4 的矩形钢管混凝土在双向压弯受力状态下的力学性能进行了研究,同时采用纤维模型法对矩形钢管混凝土的力学性能进行了分析。试验结果表明:矩形钢管混凝土在双向受力状态下,截面的变形轴将存在扭转,扭转会明显降低构件的承载力[68]。

2006 年,郭兰慧进行了 10 根不同加载模式下方钢管混凝土构件的力学性能试验研究。研究结果表明:在通常情况下钢管和混凝土同时受力时构件的承载力最高,钢管存在初应力时构件承载力略低于钢管和核心混凝土同时受力时构件的承载力,核心混凝土受力时构件的刚度和承载力最低[69]。

1.3.2 国内外新型设加劲肋钢管混凝土柱研究现状

目前有关设加劲肋钢管(箱)混凝土柱的研究相对普通方、矩形钢管混凝土还较少,我国相关规范也没有针对此类截面的设计规定。为此国内外已有学者对设加劲肋方钢管混凝土构件进行了试验和理论研究。

1992 年,Ge 和 Usami 进行了 6 个薄壁方管钢管混凝土短柱试件的轴压试验,其中有两个试件在钢管内部焊有纵向加劲肋。研究结果表明:与不采用纵向加劲肋的方钢管混凝土相比,带肋钢管混凝土试件其钢管局部屈曲大大延缓,提高了试件承载力,但试件承载力低于钢管、加劲肋和混凝土三者承载力的简单叠加[70]。

2000 年,Kwon 进行了 14 个短柱试件的研究,试件分为不带加劲肋试件和带加劲肋试件。研究结果表明:内置加劲肋能够提高钢管混凝土轴心轴压柱的力学性能,钢管局部屈曲大大延缓,试件的承载力大于钢管、加劲肋和混凝土三者承载力的简单叠加,提高了试件的承载能力[71]。

2006 年,张耀春和陈勇进行了 69 个薄壁方钢管混凝土轴压短柱的试验,其中短柱 42 个、长柱 27 个,按照截面形式分为普通(无肋或无对拉片)、单向、双向设置直肋与斜肋以及单向、双向设置纵向不同间距对拉片的 14 种柱。其中普通(无肋)、单向、双向设置直肋试件 27 个,短柱 18 个,长柱 9 个。同时,采用有限元软件 ABAQUS 对其进行了模拟计算,研究结果表明:设加劲肋的薄壁钢管混凝土短柱以剪切破坏模式为主;肋与混凝土在试件破坏之前,均能保持良好黏结,与无肋试件相比,单向设加劲肋短柱的承载力提高了 15%,双向设置加劲肋承载力提高了 26%;轴压长柱均表现为局部弯曲引起的分支点或极值点整体失稳破坏模式,偏压长柱表现为极值点整体失稳破坏模式[73-75]。

2006年，陶忠和于清进行了19个轴压构件和18个偏压构件的试验研究，试验参数为不设加劲肋、加劲肋内置、加劲肋外置、钢管宽厚比、混凝土强度等。研究结果表明：对于加劲的钢管混凝土，其局部屈曲的发生一般要晚于非加劲的钢管混凝土，且加劲肋的刚度越小，其局部屈曲发展越迅速，加劲肋刚度对试件承载力及延性的影响较为显著，同时对混凝土的约束也有所提高，对于不带肋的薄壁钢管混凝土约束效果在角部和核心部位最为明显，而带肋薄壁钢管混凝土而言，由于加劲肋的存在截面应力分布更趋均匀[29,76-78]。

2007年，王志滨和陶忠针对设加劲肋方钢管混凝土轴压短柱，利用国内外常用的钢管混凝土设计规范对已有充分加劲的试验构件进行了承载力计算，探讨了子板件最大宽厚比及加劲肋的最小刚度的确定方法，通过比较分析确定了这些规范计算公式的适用性，为工程实践提供了参考[77]。

2009年，黄宏、李毅、张安哥以方钢管的宽厚比和加劲肋的高厚比为主要变化参数，进行了14个带肋方钢管混凝土轴压构件的试验研究，考察了宽厚比和高厚比对带肋方钢管混凝土轴压短柱力学性能的影响。研究结果表明：方钢管的宽厚比越大，管壁局部鼓曲的发展越快；设置纵向加劲肋能有效延缓管壁局部鼓曲的发展，随着加劲肋的高厚比的增大，管壁局部鼓曲的发展越缓慢；与设置单肋相比，双肋改善管壁稳定性的效果更明显。最后，用简化计算结果与试验结果进行了比较，两者基本吻合[79]。

2010年，Clotilda Petrus、Hanizah Abdul Hamia等对18个设加劲肋的薄壁钢管混凝土的结构性能进行了试验研究，研究加劲肋对抗弯、抗压强度的影响。研究结果表明：加劲肋能提高薄壁钢管混凝土柱的抗弯和抗压强度[72]。

2011年，黄宏、李毅、张安哥采用有限元软件ABAQUS对设加劲肋方钢管混凝土轴压短柱的荷载—变形关系进行了计算，计算结果与试验结果吻合良好。同时从应力—应变关系核心混凝土和钢管的纵向应力分布及其相互作用等方面对比分析了无肋、单肋和双肋方钢管混凝土轴压短柱的受力性能。研究结果表明：设置加劲肋不仅提高了核心混凝土的纵向应力，而且明显减小了钢管管壁的拉应力区范围，改善了管壁的稳定性；带肋试件的约束作用主要集中在钢管角部和加劲肋处，随着每边加劲肋数量的增加，角部约束力明显增大[80]。

1.3.3 国内外PBL研究现状

20世纪80年代，在1片试验连续结合梁的钢梁上，德国斯图加特大学Otto-Graf学院在其上翼缘叠焊了钢板，并将钢板上面开孔，这样浇筑混凝土板时混凝土进入到钢板孔洞中形成混凝土榫来抵抗剪力流，这是PBL键的雏形[81]。20世纪90年代初，德国Leonhardt教授和Partners公司合作开发出这种新型剪力键，并且将其应用在委内瑞拉的Caroni河桥上[82-83]，如图1.8所示。

后来Leonhardt教授又试验研究了将钢筋穿过钢板孔洞的情况。研究结果表明：空洞中穿入钢筋能够显著提高PBL剪力键的极限承载力。Leonhardt教授还比较了栓钉和PBL键在静力方面和疲劳方面的差异。在静力方面，通过栓钉与PBL键的比较发现，栓钉在滑移量达到10mm后，荷载开始突

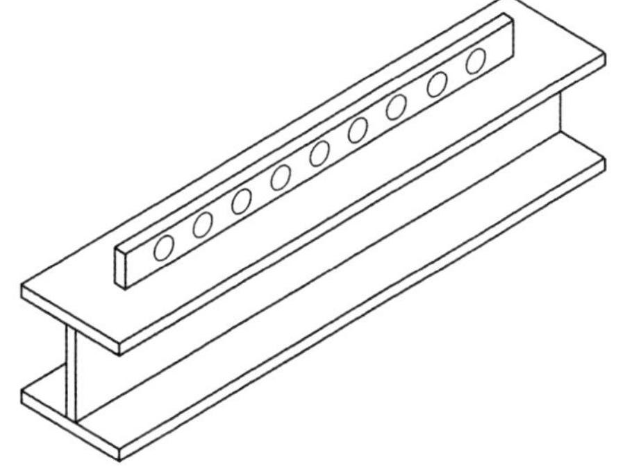

图1.8 德国在Caroni河桥应用的剪力键

降，一些栓钉被剪断；而 PBL 剪力键延性则较好，在滑移量达到 15mm 时仍能承担 80% 的极限荷载。在疲劳性能方面，在 40% 极限荷载作用下经过 200 万次疲劳试验以后，PBL 剪力键滑移量仅为 0.14mm，而栓钉已高达 15mm。

后来，Leonhardt 等人根据试验结果，首先提出了 PBL 剪力键抗剪强度与相关因素的计算式：$Q_u = 1.79d^2f_c$，但是上式并未反映穿孔钢筋对其抗剪强度的影响。Hosaka 等人认为穿孔钢筋的影响较大，应该将其直接反映出来，并通过大量试验数据的回归分析，提出了计算式：$Q_u = 1.45[(d^2 - d_S^2)f_c + d_S^2 f_y] - 26.1$。

国外虽然对 PBL 抗剪连接件作了一些研究，但目前还没有相关的规范规定 PBL 抗剪连接件的形式、尺寸和承载能力，也没有规定试件的试验方法，为此许多学者进行了试验和理论研究。

1992 年加拿大 Saskatchewan 大学的 M. R. Veldanda 和 M. U. Housian 进行了 48 个试件的 PBL 剪力键推出试验研究，研究了各参数对 PBL 剪力键受力性能的影响。研究的主要参数为钢板的强度、厚度以及穿孔钢筋的数量等。试验研究结果表明：钢板前部的混凝土被压碎，但是钢板没有出现明显的变形，混凝土板的纵向劈裂，引起 PBL 剪力键的失效；通过与栓钉的推出试验进行对比，发现在一般荷载作用下 PBL 剪力键的初始刚度大于栓钉，但其延性不如栓钉；在极限荷载作用下，即使 PBL 剪力键已经失效，但是由于混凝土开裂之后混凝土与钢板的表面的摩擦力仍然较大，故 PBL 键仍然可以提供抗剪能力，从而在极限状态下有利于荷载的重分布。同时研究结果还发现：带孔钢板的厚度会引起 PBL 剪力键破坏模式的改变，若钢板厚度太小，钢板孔内混凝土榫和穿孔钢筋将几乎不起作用，剪力键的破坏将主要是由于钢板焊缝剪切破坏引起；钢板厚度满足一定的条件之下，钢板中穿孔的钢筋能够显著提高其承载能力，根据穿孔钢筋受力面积的不同，承载力能够提高 40% ~50%[84]。

1993 年 E. C. Oguejiofor 和 M. U. Hosian 在上述试验的基础上，又采用推出试验对影响 PBL 剪力键的受力性能的主要因素进行了试验研究。试验的主要参数为穿孔钢筋分布、钢板的开孔数量与间距以及混凝土的种类等。试验研究结果表明：混凝土抗压强度是影响 PBL 剪力键抗剪强度的一个重要因素，随着混凝土强度的增加，PBL 剪力键的抗剪强度也相应提高，其提高幅度大约为混凝土强度增加幅度的一半，这是由 PBL 剪力键的破坏模式与混凝土相关这一特性所决定的。此外，研究结果表明：带孔钢板的最小孔距为 2.25 倍的开孔直径时较为适宜，这是因为随着孔距的减小，孔内混凝土榫的影响范围将会出现重叠，从而导致应力重叠区域的混凝土处于高应力状态，降低了混凝土的强度，即降低了剪力键的极限承载力，在保证最小开孔间距之后，PBL 剪力键的抗剪承载能力随着开孔数量的增加而增大。

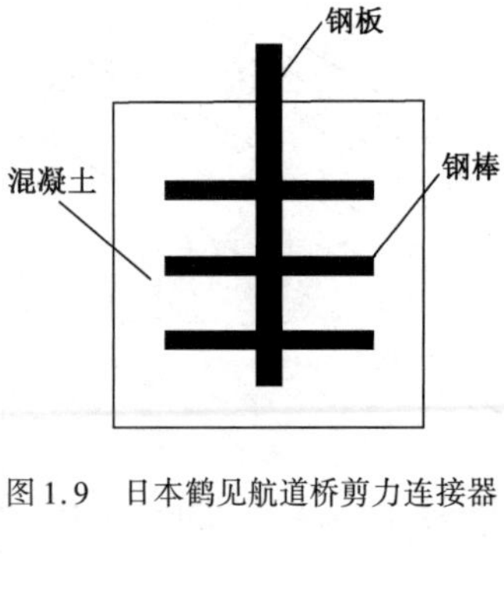

图 1.9　日本鹤见航道桥剪力连接器

20 世纪 90 年代初，日本也较早对 PBL 剪力键进行了研究。日本在鹤见航道桥索塔连接处的钢—混凝土结合段中采用了钢棒穿过钢板的形式形成了抗剪连接件（图 1.9），在该桥中还进行了小试块 1:1 的 PBL 剪力键的对比试验和实际结构大试块的模型试验研究，并且最终成功应用在该桥索塔钢—混凝土结合段上[85]。日本还在单 PBL 剪力键的基础上把 PBL 剪力键的单块带孔肋板增加到两块，发展了 Twin-PBL

剪力键。研究结果表明:Twin-PBL剪力键的整体刚度和抗剪强度较单PBL均有了较为明显的改善[85]。此后,PBL剪力键较多的应用在波形钢板与混凝土顶板的连接上,在日本一些工程中,尤其是高架桥如Yuurappu-River桥、中野高架桥等中得到了广泛的应用。

中国对PBL抗剪连接件的研究和使用目前还处于起步阶段。1999年我国学者雷昌龙进行了PBL剪力键的研究,将其应用在因PBL剪力键而取消钢梁上翼缘的组合桥中,并进行了一系列的推出试验。试验研究结果表明:没有钢梁上翼缘的剪力键是起抗剪作用的,混凝土与钢板之间的黏结强度对PBL剪力键的抗剪强度有明显贡献。同时,为了检验由于钢板打孔所造成的受拉区应力集中现象,还根据加拿大安大略省公路设计规范的要求设计了一组实桥截面,研究了PBL剪力键的疲劳性能,通过对这一截面循环加载50万次后发现,该界面工作状况良好,截面没有出现可以测量到的损坏征兆,表明在一定的用钢量下,PBL剪力键的抗疲劳性能优良[86-87]。

1999年,宗周红对9个栓钉连接件和6个带孔钢板连接件的静载和疲劳破坏进行了试验研究,研究了连接件类型、横向配筋、混凝土材料类型和强度等级等参数对连接件极限承载力和疲劳性能的影响,建立了相应的极限承载力和疲劳强度计算公式[88]。

2005年,张清华、李乔等对PBL剪力键的力学行为采用三维非线性有限元仿真分析的方法进行了研究。通过与试验结果对比,证实了非线性有限元仿真分析的准确性和有效性,证明了通过有限元仿真分析和试验研究相结合研究新型剪力连接件的受力特性是可能的[89-90]。

2006年,刘玉擎等研究了PBL剪力键在不同状态下浇筑混凝土对其承载力的影响。PBL剪力键试件分别处于正立、侧立、倒立等不同状态下浇筑混凝土,试件养护完成之后进行推出试验。试验研究结果表明:不同的混凝土浇筑方向,对正常使用阶段承载力和抗剪强度影响较大,但对极限承载力的影响并不明显。尤其是侧立浇筑的试件,钢板孔中混凝土密实度较差,其对应的正常使用阶段承载力和抗剪强度都比正立和倒立状态下浇筑混凝土的试件低很多[91]。

2007年,胡建华、叶梅新等为PBL剪力键在广东省佛山平胜大桥钢—混凝土结合段的应用提供依据,进行了钢—混凝土结合段PBL剪力键的试验研究。试验研究结果表明:贯通钢筋的大小和强度、钢板开孔孔洞大小、混凝土强度和箍筋强度等是影响PBL剪力键极限承载力的最重要因素,其次是贯通钢筋的个数、开孔孔洞的个数以及试件尺寸等;同时,当板厚、孔距设置恰当时,其破坏模式是剪切破坏,不受疲劳影响;PBL剪力键的孔内混凝土处在充分的约束状态下,其抗剪性能能够得到较好发挥[92-94]。

2007年张霞采用ANSYS有限元软件,利用Solid65实体单元建立了PBL剪力键的有限元模型,并且在钢—混凝土界面采用面面接触模拟,考虑各构件间的滑移。计算结果表明:开孔孔内混凝土的纵向剪应力远大于开孔周边的混凝土,并且孔间的钢板剪应力也比较大;PBL剪力键的正应力分布很有规律,剪力键根部的压应力比较大;PBL剪力键的变形比栓钉要小;抗剪强度的主要影响因素有两个——孔间钢板的抗剪强度和孔内混凝土的抗剪强度[95]。

2010年肖林、李小珍通过7组21个PBL剪力键试件的推出试验,研究PBL剪力键的弹性承载力、极限承载力、滑移量及延性系数等静载力学性能。运用推出试验的非线性有限元仿真分析,研究 PBL 剪力键的传力和破坏过程。研究结果表明:PBL 剪力键的极限承载力高,延性系数大;按照荷载—滑移曲线及内部应力状态,PBL 剪力键的破坏过程可分为线性阶段、弹性阶段及塑性阶段;弹性阶段之前承载力主要由孔洞内混凝土提供,弹性阶段之后承载力主要由贯穿钢筋提供[96-98]。

1.3.4 已有研究存在的不足

综上所述,在方钢管混凝土和设加劲肋方钢管混凝土静力方面已经进行了一些研究,已有研究主要存在以下不足:

(1)以往关于设加劲肋方钢管混凝土的试验与理论研究均是针对冷弯薄壁或薄壁钢管结构,而且试件含钢率较低。对于桥梁工程中采用的钢管(箱)柱而言,由于桥梁跨越能力和承受荷载较大等原因,壁板厚度相对较大,而且构件通常只能采用焊接工艺将壁板焊接为钢管(箱)截面。当钢管(箱)壁板较厚时,因壁板应力分布不均匀,核心混凝土所承担的荷载比例下降,其力学性能可能与薄壁钢管有所区别[1]。为此有必要在上述试验研究的基础上,研究含钢率较高、采用焊接成形的钢管(箱)混凝土柱的力学性能,并与空钢箱试件进行对比。

(2)以往关于设加劲肋钢管混凝土的研究加劲肋形式均为普通单肋和多肋构造,试件形式和加劲肋构造较为单一,试验的参数还十分有限,而且短柱的试验和理论分析居多,对于设加劲肋开孔的试验及理论研究尚未见到相关报道。

(3)桥梁工程中所用钢管混凝土不论是拱桥的拱肋还是桥梁的桥墩,通常是压弯构件,且对于高墩大跨桥梁而言,构件长细比相对较大,以往的试验研究以轴压短柱为主,长柱的试验研究较少,且试验参数十分有限。当构件处于压弯受力状态时,混凝土与钢管之间黏结脱空问题变得相对严重,而加劲肋开孔可以有效增大加劲肋与混凝土的约束作用,提高钢—混凝土共同作用,关于这方面的研究还未见到相关报道。

(4)有限元方法为从工作机理方面深入分析方钢管混凝土和设加劲肋钢管混凝土轴压短柱的力学性能提供了一条有效途径,许多学者针对方钢管混凝土和设加劲肋方钢管混凝土柱进行了有限元分析,但对钢管与混凝土的协调工作、共同作用等方面研究尚不深入,对方钢管混凝土脱空及增设 PBL 之后钢管混凝土脱空的力学性能亦未见相关报道,因此十分有必要针对 PBL 加劲型方钢管混凝土的有限元分析及工作机理加以研究。

(5)以往关于 PBL 的试验及理论研究主要集中在钢—混凝土组合梁和 PBL 的抗剪推出试验等方面,尚未见到将 PBL 应用于方钢管混凝土内部提高钢管对核心混凝土的约束作用方面的研究。在方钢管混凝土内部增设 PBL 之后,PBL 加劲型方钢管混凝土的承载力和刚度都需研究。

1.4 本书主要研究内容

本书主要研究内容如下:

(1)PBL 加劲型方钢管混凝土轴压短柱的试验研究

分两批次进行了试验研究。第一组试验是参照东江大桥某钢箱截面[99],按照 1:4 缩尺制作,重点研究钢箱内填混凝土、含钢率以及钢箱内纵向加劲肋是否开孔等对钢箱混凝土轴压短柱力学性能的影响,进行了 3 个钢箱混凝土和 1 个钢箱轴心受压短柱的模型试验[100]。

第二组制作了4种不同截面形状的轴压短柱,包括普通方钢管混凝土(A类)4个、设加劲肋钢管混凝土试件(B类)4个、PBL加劲型方钢管混凝土(C类)12个和双PBL加劲型方钢管混凝土(D类)3个,共计23个试件。观察并研究了这种PBL加劲型方钢管混凝土组合柱在轴心压力作用下的宏观变形特征、破坏模式、破坏机理、荷载—位移曲线、荷载—应变曲线以及影响其力学性能的主要因素等,并与方钢管混凝土和未开孔设加劲肋方钢管混凝土进行了对比分析,为PBL加劲型方钢管混凝土组合柱基本受力性能的深入研究提供了可靠的试验依据,在此基础上提出了适用于PBL加劲型方钢管混凝土轴压短柱极限承载力和轴压刚度的计算公式。

(2)PBL加劲型方钢管混凝土轴压短柱有限元分析

采用大型通用有限元软件ANSYS对PBL加劲型方钢管混凝土轴压短柱进行全过程非线性有限元分析,提出适用于该类型钢管混凝土的核心混凝土应力—应变关系,通过研究试件进入弹塑性阶段后不同受力阶段中截面核心混凝土纵向应力和横向应力分布规律,探讨PBL加劲型方钢管对核心混凝土的约束作用机理。

(3)PBL加劲型方钢管混凝土轴压短柱的设计方法研究

基于试验研究成果,回归分析适用于方钢管混凝土、设加劲肋方钢管混凝土和PBL加劲型方钢管混凝土的统一承载力计算公式和轴压刚度计算公式,并与相关规范所提出的轴压短柱承载力计算方法、轴压刚度计算方法进行比较。采用ANSYS有限元软件分析了开孔间距、开孔直径、不同加载模式等对PBL加劲型方钢管混凝土轴压短柱的力学性能的影响,进一步阐释了其受力机理,验证计算方法的正确性。

(4)PBL加劲型方钢管混凝土轴压长柱的试验研究

制作了5个截面类型和尺寸相同的PBL加劲型方钢管混凝土轴压长柱试件,主要改变的试件参数是长细比。首先采用超声波分析法,建立适用于PBL加劲型方钢管混凝土轴压长柱的检测方法。其次通过长柱的轴压试验,得到了长柱试件在轴压下的破坏模式、荷载—位移曲线、柱中截面荷载—应变曲线以及柱中荷载—应变分布,研究了这种新型组合柱随着长细比变化极限承载力的不同,提出了适用于PBL加劲型方钢管混凝土轴压长柱抗弯刚度和稳定承载力的计算方法。

(5)PBL加劲型方钢管混凝土拱桥力学性能研究

以福建福安群益大桥为工程背景,将圆形截面改变为方形截面并按照1:4缩尺,通过大型通用有限元软件ANSYS分析了两种方钢管混凝土拱桥的力学性能,分别是普通方钢管混凝土和PBL加劲型方钢管混凝土拱桥,比较PBL应用于方钢管混凝土拱桥中的力学性能优势,得出有益结论,为PBL在钢管混凝土拱桥中的应用和推广提供参考。

第2章　PBL加劲型方钢管混凝土轴压短柱试验

2.1　概述

PBL加劲型方钢管混凝土构件承受轴向荷载作用,是最简单也是最基本的受力状态。掌握PBL加劲型方钢管混凝土轴压柱的受力性能,是研究PBL加劲型方钢管混凝土构件在压、弯、剪、扭等复杂受力状态下力学性能的前提。如第1章所述,国内外一些学者已进行设加劲肋方钢管混凝土轴压受力性能的试验与理论研究,主要集中在冷弯薄壁或薄壁方钢管混凝土的承载力等方面,研究还不够系统和深入[74,76,79,80]。国内外关于PBL加劲型方钢管混凝土柱的研究还尚未见到相关的文献报道。

为了研究方钢管混凝土内部增设PBL对其力学性能的影响,掌握PBL加劲型方钢管混凝土轴压短柱的受力特征及破坏模式,提出其设计计算方法,本章进行了PBL加劲型方钢管混凝土轴压短柱的试验。本章共进行了两批试验研究,第一组试验是参照东江大桥某钢箱截面[99],按照1∶4缩尺制作,重点研究钢箱内填混凝土、含钢率以及钢箱内纵向加劲肋是否开孔等对钢箱混凝土轴压短柱力学性能的影响,进行了3个钢箱混凝土和1个钢箱轴心受压短柱的模型试验[100];第二组进行了23个轴心受压方钢管混凝土试件的试验研究,其中包括12个单PBL加劲型方钢管混凝土组合柱、3个双PBL加劲型方钢管混凝土组合柱和4个方钢管混凝土组合柱以及4个未开孔设加劲肋方钢管混凝土组合柱。观察并研究这种PBL加劲型方钢管混凝土轴心受压柱的破坏模式、破坏机理以及影响其力学性能的主要因素等,并与普通方钢管混凝土和未开孔设加劲肋方钢管混凝土进行了对比分析,为PBL加劲型方钢管混凝土组合柱基本受力性能的深入研究提供了可靠的试验依据。

2.2　试验方法

2.2.1　试件的设计与制作

对于PBL加劲型方钢管混凝土短柱试件,试件的设计必须恰当,如果试件过长,则试件将会发生弯曲变形,试件出现失稳破坏,试验结果将不能真实反映轴心受压的特性;如果试件过短,则无法忽略试件端部效应的影响。综合考虑试验加载设备、钢材选材和试件加工等因素,第一组试验参考东江大桥某钢箱截面[99],按1∶4缩尺制作钢管(箱)柱,因试件发生的是强度破坏,未发生整体的弯曲失稳破坏,认为试件属于轴压短柱,以便从总体上把握PBL加劲型钢管混凝土的力学特征,试件由A、B、C、D四个壁板和四个加劲肋板焊接而成,截面示意图如图2.1a)所示。制作设加劲肋钢管(箱)混凝土柱时首先按照预定尺寸采用精密切割机下料,将四个壁板和加劲肋板切割下来,之后将加劲肋沿其纵向在其预定位置与钢箱壁板焊接在一起,最后再拼焊成钢箱。第一组试件几何尺寸如图2.2所示。其中试件TJB为加劲肋板打孔试件,即在四个加劲肋板中心沿纵向每隔100mm,打直径为35mm的圆孔形成

PBL 加劲肋，截面示意图如图 2.2b）所示，试件 KGD 为空钢管（箱）试件。填充混凝土试件在空管（箱）试件焊接完成后采用人工搅拌配制混凝土，浇筑时将空钢箱柱竖立，从顶部分层灌入混凝土，同时在试件的壁板外部用振捣棒和木槌侧振。试件养护方法为自然养护，养护完成后凿去混凝土表面浮浆，再用高强环氧砂浆将混凝土表面与内外钢箱表面抹平，待其硬化后将两端表面打磨平整，以保证钢管和核心混凝土在受荷初期就能共同受力[100]。

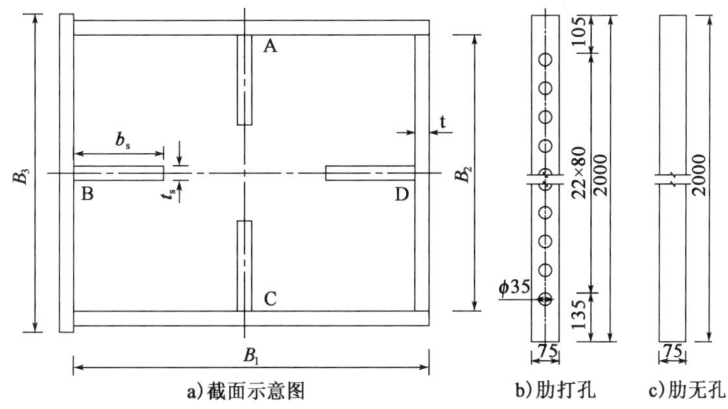

图 2.1　第一组试件构造示意图（尺寸单位：mm）

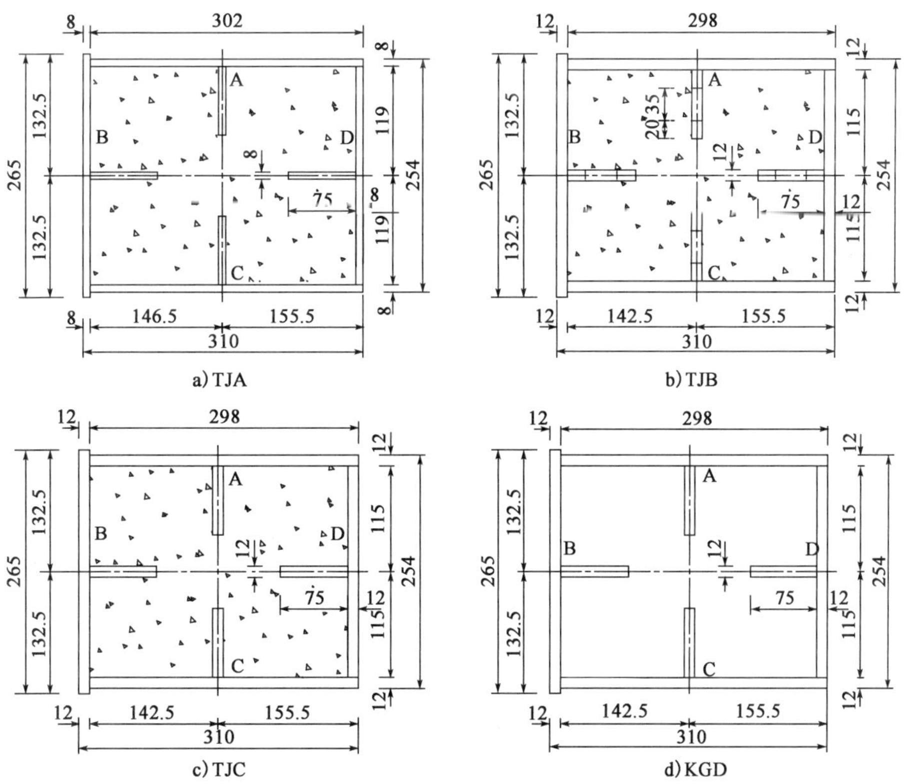

图 2.2　第一组试件几何尺寸（尺寸单位：mm）

第二组试验参考相关文献规定[3]，试件的长径比(L/D)取为3，重点研究 PBL 加劲型方钢管混凝土轴压短柱的破坏模式和工作机理，并将方钢管混凝土轴压短柱和未开孔设加劲肋方钢管混凝土轴压短柱的力学性能进行对比。试验中一共加工制作了四种(A 类、B 类、C 类、D 类)截面形式的试件，如图 2.3 所示，A 类试件即为普通方钢管混凝土轴压短柱试件，B 类试件即为未开孔加劲肋方钢管混凝土轴压短柱试件，C 类试件即为 PBL 加劲型方钢管混凝土轴压短柱试件，D 类试件为将 C 类试件的单 PBL 切割为双 PBL 制作的双 PBL 加劲型方钢管混凝土轴压短柱试件，为了以后文字叙述的方便，将四类截面的试件简称为 A、B、C、D 四类试件，第二组试件按照管径和壁厚不同，又分为 20-4、30-4、30-3、30-8 四个小组。

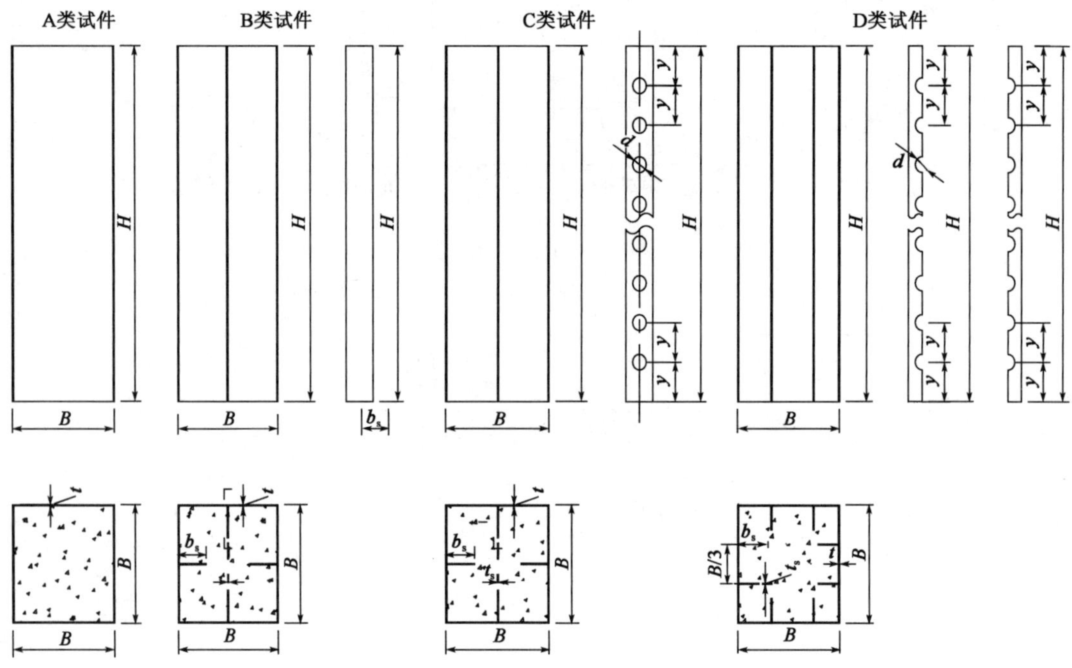

图 2.3　第二组试件构造示意图

制作加工工艺与第一组试件基本相同，首先采用精密切割机下料，加工制作 PBL 加劲肋，最后拼焊成钢箱。空钢箱试件焊接完成后，先在一端焊接加载板之后，从另一端填充混凝土，试件采用机械搅拌配制混凝土，浇筑时将空钢箱柱竖立，为了灌注混凝土密实，灌注时从钢箱顶部分层灌入混凝土，同时采用插入式振捣棒内部振捣。试件养护方法为自然养护。养护初期在柱顶部洒水养护，然后将其端部用塑料薄膜封罩。养护完成后磨光混凝土表面浮浆，将混凝土表面与内外钢箱表面抹平，焊接另一端加载板。具体的加工制作过程如图 2.4所示，试件加工制作过程如图 2.5 所示。为了将本次试验的试验数据与文献[71,74,78,80]中已有试验对比，本书将文献[71,74,78,80]所进行的试验一并进行了统计整理，本书试件的几何尺寸如表 2.1 所示，PBL 加劲型方钢管混凝土轴压短柱试件的内置 PBL 为加劲肋开圆孔。

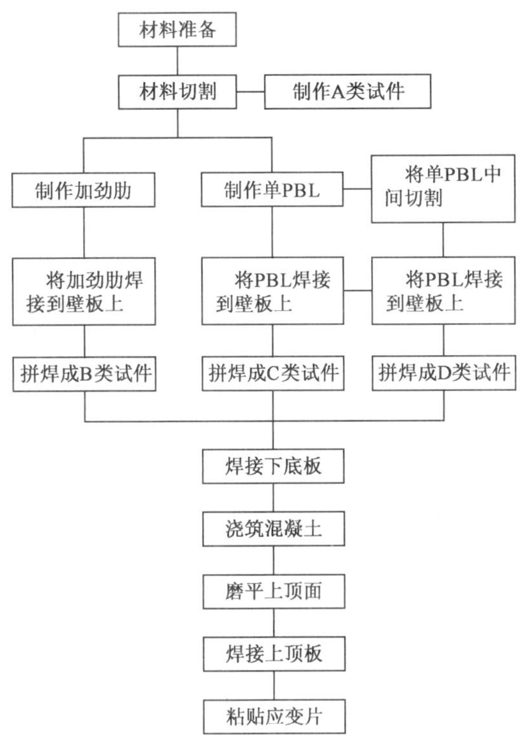

图 2.4　第二组试件加工示意图

a) 焊接加劲肋与PBL

b) 焊接完成的PBL

c) 钢板整形

d) 拼焊为PBL加劲钢管截面

图　2.5

e)拼焊为加劲肋钢管截面

f)拼焊为双PBL钢管截面

g)加工完成的孔钢管

h)混凝土浇筑完毕

图 2.5 试件加工制作过程

试验试件几何尺寸表(mm)　　表 2.1

试件类型	试件编号	H	B			t	b_s	t_s	d	γ	α (%)	ξ	备注
			B_1	B_2	B_3								
第一组试件	TJA	2000	310	265	254	8	75	8	—	—	16.7	1.86	
	TJB	2000	310	265	254	12	75	12	35	80	24.2	2.54	
	TJC	2000	310	265	254	12	75	12	—	—	26.9	2.82	
	KGD	2000	310	265	254	12	75	12	—	—	—	—	空钢管
第二组试件	SCA-20-1	600	200	4	—	—	—	—	8.7	0.94			20-4 组孔间距变化
	SCB-20-1	600	200	4	60	4	—	—	11.7	1.26			
	SCC-20-1	600	200	4	60	4	30	50	10.2	1.09			
	SCC-20-2	600	200	4	60	4	30	80	10.2	1.09			
	SCC-20-3	600	200	4	60	4	30	100	10.2	1.09			
	SCA-30-1	900	300	4	—	—	—	—	5.7	0.61			30-4 组孔径变化
	SCB-30-1	900	300	4	90	4	—	—	7.5	0.81			
	SCC-30-1	900	300	4	90	4	30	100	6.9	0.74			
	SCC-30-2	900	300	4	90	4	45	100	6.6	0.71			

续上表

试件类型	试件编号	H	B			t	b_s	t_s	d	γ	α（%）	ξ	备注
			B_1	B_2	B_3								
第二组试件	SCC-30-3	900	300	4	90	4	70	100	6.1	0.65			30-4组孔径变化
	SCD-30-1	900	300	4	45	4	35	100	6.0	0.64			
	SCA-30-2	900	300	3	—	—	—	—	4.2	0.40			30-3组孔径变化
	SCB-30-2	900	300	3	90	3	—	—	5.6	0.53			
	SCC-30-4	900	300	3	90	3	30	100	5.1	0.49			
	SCC-30-5	900	300	3	90	3	45	100	4.9	0.47			
	SCC-30-6	900	300	3	90	3	70	100	4.5	0.43			
	SCD-30-2	900	300	3	45	3	35	100	4.4	0.42			
	SCA-30-3	900	300	8	—	—	—	—	11.3	1.11			30-8组孔径变化
	SCB-30-3	900	300	8	90	8	—	—	15.3	1.50			
	SCC-30-7	900	300	8	90	8	30	100	13.9	1.38			
	SCC-30-8	900	300	8	90	8	45	100	13.2	1.33			
	SCC-30-9	900	300	8	90	8	70	100	12.1	1.23			
	SCD-30-3	900	300	8	45	8	35	100	12.5	1.26			

注：TJ与SC均为内填混凝土试件；KG为空钢管试件。试件编号（SC×-××-×：×代表试件的类别；××代表试件的钢管尺寸；×为试件编号）；“20-4组”是钢管直径为200mm，钢管壁厚为4mm的A、B、C、D四类试件的统称，α为含钢率，ξ为套箍系数。

2.2.2 材料的力学性能

所有试件钢材均采用Q345，钢材材性试验的取样遵循《钢及钢产品力学性能试验试样位置及试样制备》（GB/T 2975—1998）[101]，试件采用线切割机精确加工，材性试验试件如图2.6所示。钢材的力学指标按照《金属材料室温拉伸试验方法》（GB/T 228.1—2010）[102]规定方法由拉伸试验获得，钢材的典型应力—应变关系如图2.7所示，不同厚度钢材的力学性能试验结果如表2.2所示。混凝土的用料为：425号普通硅酸盐水泥，中砂，碎石最大粒径为20mm。混凝土的水灰比为0.38，重量配合比为水：水泥：砂：碎石＝0.38：1：0.973：1.975。混凝土立方体试块强度f_{cu}按《普通混凝土力学性能试验方法》（GB/T 50081—2002）[103]确定。第一组试件实测混凝土立方体抗压强度$f_{cu}=46$MPa，棱柱体抗压强度$f_c=35.1$MPa，第二组试件实测混凝土立方体抗压强度$f_{cu}=55.6$MPa，棱柱体抗压强度$f_c=43.1$MPa。

钢材的力学性能试验结果 表2.2

类别	钢材厚度（mm）	屈服强度（MPa）	极限强度（MPa）	弹性模量（MPa）	屈强比	伸长率（%）
第一组试件	8	391	489	189	0.80	—
	12	367	471	208	0.78	—
第二组试件	3	414	492	208	0.84	30.1
	4	464	538	211	0.86	23.2
	8	424	515	212	0.82	26.8

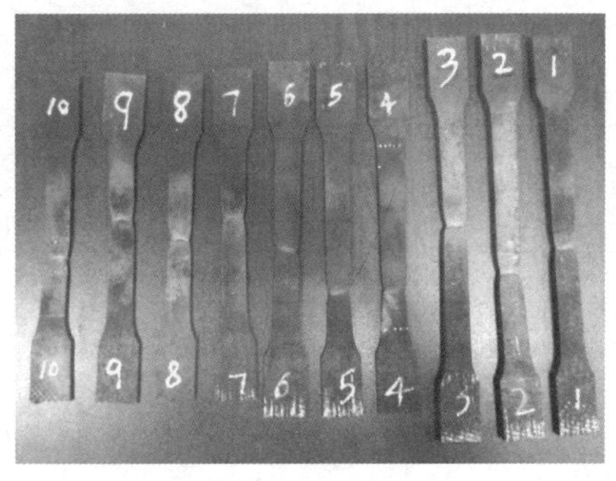

图2.6　材性试验试件

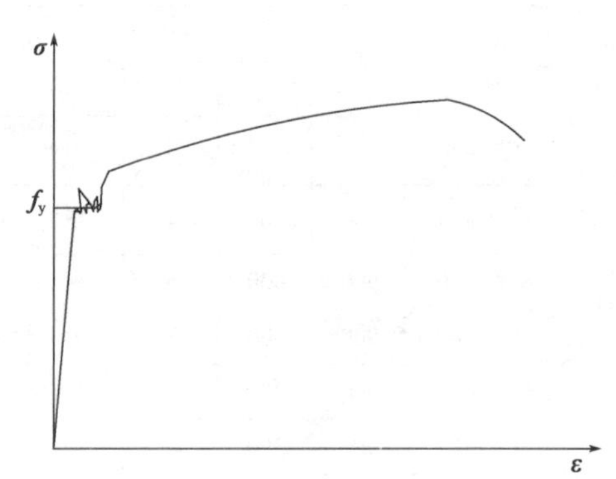

图2.7　钢材典型应力—应变关系曲线

2.2.3　试验加载及测试

应变采用型号为BX120-5AA的电阻应变片测定，位移采用WBD-50型机电百分表测定，采用TDS-303静态数据采集仪对试验全过程的应变和位移进行数据采集。试件的位移、各壁板的应变以及极限荷载为主要测试内容。其中极限承载力是试件需要测定的最重要数据之一，由压力试验机内置千斤顶的传感器测量，并由压力试验机的操作平台自动记录。在加载过程中可以观察压力试验机本身测试的荷载—位移曲线和试件本身的试验现象。当荷载—位移曲线显示，荷载不能继续增加，而试件的位移急剧增加时，该数值即为构件的极限荷载。试验时通过竖向设置直接支顶于压力试验机顶板和底板的位移计进行试件竖向位移的测定，以测量试件全高范围内的纵向压缩变形。试验装置的全貌、试验测试仪器分别如图2.8、图2.9所示。

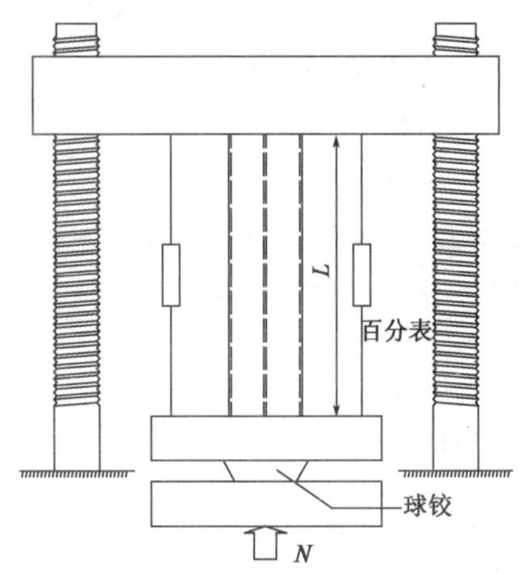

图2.8　试验加载全貌

为保证试件处于轴心受压，加载时首先对试件进行预加载。对试件预加载的目的是：①使试件内、外部接触良好并对中试件，使试件进入正常受压状态；②检验测量仪器是否正常工作，读数、量程是否满足试验要求；③通过预加载发现一些潜在问题并将之解决在正式试验之前，从而保证试验的顺利进行[104]。

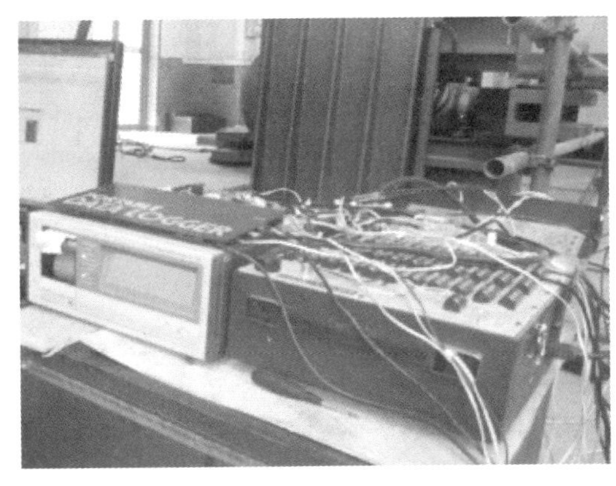

图 2.9　试验测试仪器

试验分别在 10000kN 和 25000kN 试验机上加载完成。因为 PBL 加劲型方钢管混凝土短柱试件和长柱试件在加工制作过程中存在一定的几何缺陷,保证试件处于轴心受压成为试验过程中极为重要的一项内容。本书采取的是首先几何对中,再进行物理对中的方式。所谓几何对中是指把试件形心对准压力试验机下加载板的中心;所谓物理对中是指试件几何对中完成后,在每次正式试验之前先对试件进行预压,预压荷载为极限荷载的 10% 左右,然后通过观测对称布置在试件中截面处的纵向应变片的读数,对试件的位置进行调整,使得试件的物理中心轴线与压力试验机的上下加载板几何中心的连线重合,直到试件中部位置对称处应变片的纵向应变值基本一致为止(相差不大于 15%),以保证试件的物理对中,然后卸载,仪表清零后进行单调分级正式加载,这样既可以保证试验机、各应变片及各仪表正常工作,又可以尽量减小试验误差,保证试件仅承受轴向压力作用。

试验采用单调静力分级加载的方式,在预估荷载 75% 之前以 10kN/s 的速率加载,每一级荷载约为预估荷载的 1/10,每级荷载持荷约 2min,待每级荷载稳定后采用数据采集系统进行数据采集;预估荷载 75% 之后改为位移加载,加载速率为 1.1 ~ 1.3mm/min,缓慢连续加载,采用数据采集系统实时进行动态采集,当荷载降至最大荷载的 70% 时,试验结束,以加载到荷载不能继续上升反而下降作为试件的承载能力的极限荷载。

2.2.4　测点布置

虽然试件在加工制作时尽量减小误差,消除焊接残余应力,在试验加载时尽量物理对中,但是试件加工制作误差、材料的不均匀性、焊接残余应力以及试验加载偏心等初始缺陷都是存在的并且具有一定的随机性,故试件达到极限承载力时的破坏形态及破坏的位置都难以确定。怎样准确布置测点并能监测到试件破坏时的破坏位置,是一个十分难以回答的问题。就目前情况而言,在计算结果的基础上,加大测点布置的密度较为稳妥。但是,由于受到试验费用和测试技术的限制,又不可能大量布置测点,因此需要在两者之间找到平衡,合理布置测点,进行有效的测试。

图 2.10 中“( )”内数字表示试件的纵向压应变,不带双括号的数字表示试件横向拉应变;⊕表示位移测点。在试件 1/2 截面处四个面的不同位置分别布置若干横向应变片和纵向应变片以测试 PBL 和填充混凝土对钢管(箱)承载力的影响,沿试件的对角线轴向对称布置了两个大量程的位移计,用以测量试件的轴向变形,位移测点对称布置在仪器加载的小车

上,1/2 截面处的应变测点布置如图 2.10 所示。为了测试 B 类试件和 C 类试件中加劲肋和 PBL 传力机理的不同,在 30-4 组试件 1/2 截面的加劲肋及 PBL 上粘贴了纵横向应变测点。

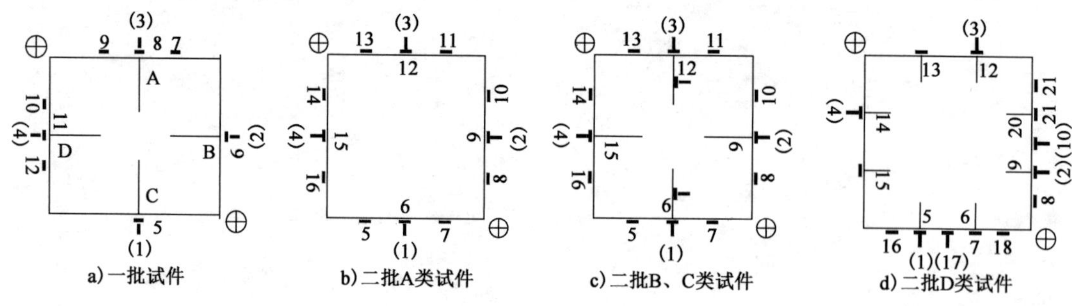

图 2.10 测点布置图

2.3 试验结果分析

2.3.1 试件破坏模式

因本次试验所有试件发生的均是强度破坏,未发生整体的失稳破坏,属于轴压短柱,破坏模式与文献[71,74,78,80]中的试验试件相似,故将文献[71,74,78,80]试验的试件一并进行对比分析。

第一组试件在加载初期,所有试件均呈现全截面受压,随着荷载的增加,位移增长呈线性趋势,四个壁板均无明显现象。当荷载加载至极限荷载的 70% ~80% 时试件 TJA、TJB、TJC 的壁板表面均开始出现吕德尔斯滑移线,随着荷载的不断增加,壁板表面出现铁屑剥落现象,并伴随一定的响声。荷载加载至极限荷载时,试件首先在 1/4 柱高处发生局部波状屈曲,之后在试件不同位置壁板均发生向外的局部屈曲,最后出现焊缝破坏,混凝土压碎露出。试件 TJB 部分波峰间距约为 1/2 柱宽。与文献[74]不同的是,加载至极限承载力的 60% ~70% 时并未出现可以观察到的微曲,加载至极限荷载时才出现局部鼓曲。试件 KGD 在加载至极限荷载时四个壁板沿板宽度方向出现若干明显的横向褶皱,且表面有铁屑脱落现象,说明模型全截面屈服,属于强度破坏。试验试件各自的极限荷载及破坏形态列于表 2.3。试件破坏后的照片如图 2.11、图 2.12 所示。

破坏荷载与破坏模式 表 2.3

试件	N_u(kN)	破 坏 形 态
TJA	8200	距顶端 $L/4$ 处先出现壁板鼓曲,随后 $L/2$ 处出现壁板鼓曲
TJB	9700	距底端 $L/4$ 处壁板鼓曲,随后焊缝开裂
TJC	10200	距顶端 $L/4$ 处先出现壁板鼓曲,随后 $L/2$ 处出现壁板鼓曲,焊缝开裂,混凝土压碎
KGD	6560	全截面强度破坏

由表 2.3 可以看出,试件 TJA、TJB、TJC 相对于空钢管试件 KGD,极限荷载均有明显提高,均发生了侧壁的鼓曲破坏。与文献[78]、[80]相同,在试验过程中,由于上端加工的影响,局部屈曲均首先在接近端部发生,但并不起控制作用,此后在试件不同高度位置处钢板均产生向外的局部屈曲。

一般来说,对于未加劲的空钢管,其一对边发生向内的局部凹曲,而另一对边则会发生向外的局部凸曲，如图 2.13a）所示。而在壁板加劲后，除非纵肋发生屈曲，否则纵肋就为钢管提供了一个不动点，加劲后空钢管可能会发生如图 2.13b）所示的屈曲[4]。而试件 KGD 没有发生这种破坏的原因是试件宽厚比较小，没有发生局部失稳现象。对于薄壁钢箱混凝土柱，由于内部混凝土的支撑作用，其板件只能发生向外的局部屈曲，如图 2.13c）所示。文献[78]中设纵肋薄壁钢箱混凝土由于内填混凝土的作用，壁板发生向外的局部屈曲，鼓曲的形状与普通钢管混凝土柱不同，由于纵肋的存在，限制了壁板的鼓曲，从而发生了“半波”或者“双波”鼓曲，如图 2.13d）所示。本书设纵肋钢箱混凝土轴压短柱试件 TJC、TJB 没有发生如文献[78]、[80]所示的破坏，壁板破坏形状如图 2.13e）、图 2.13f）所示，是整个壁板的鼓曲，但纵肋限制了部分壁板的鼓曲。

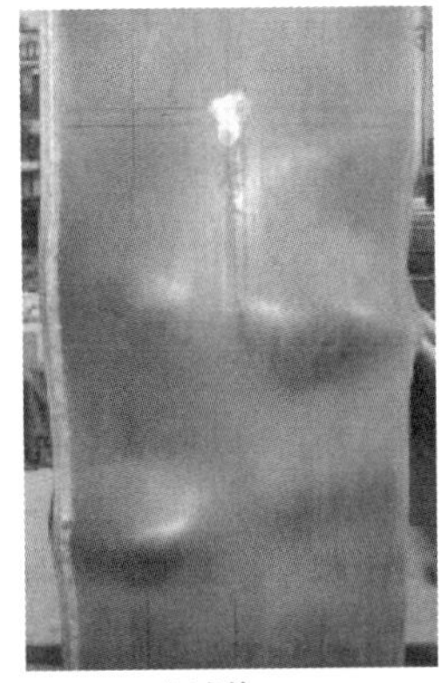
a）试件TJA

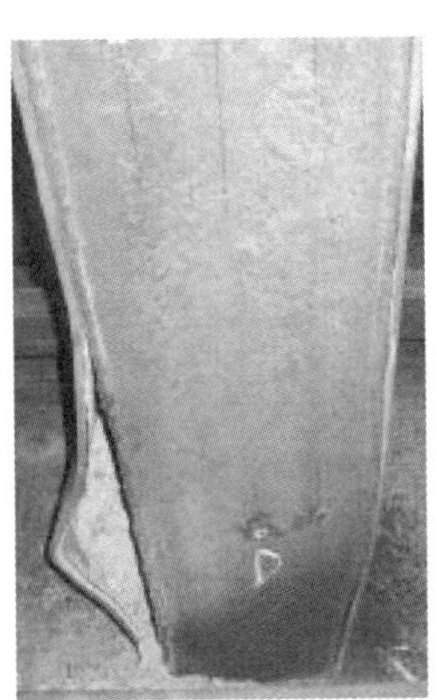
b）试件TJB

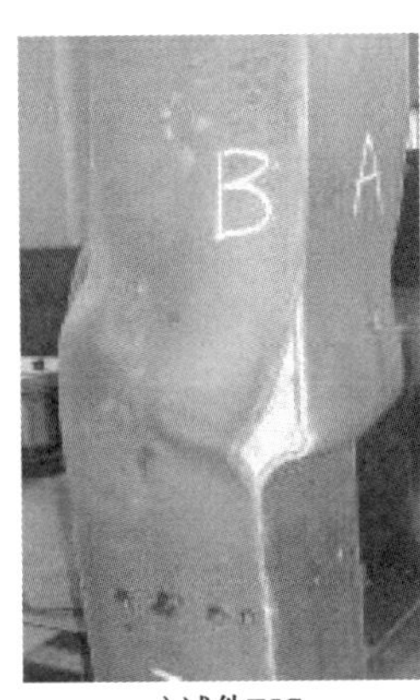
c）试件TJC

d）试件KGD

图 2.11　试件局部破坏图

a）试件TJA

b）试件TJB

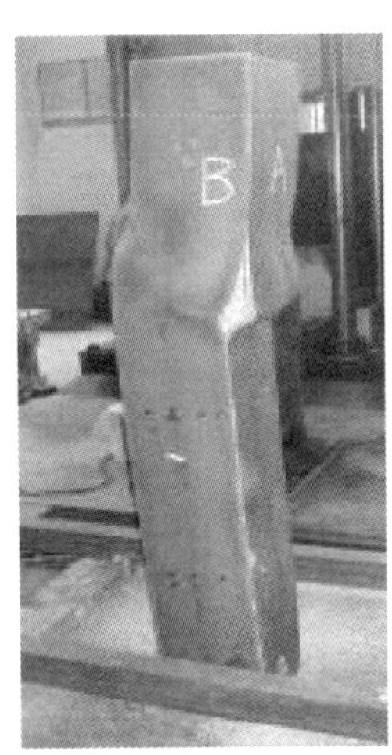
c）试件TJC

d）试件KGD

图 2.12　试件整体破坏图

第二组所有试件在加载初期均呈现良好的线弹性，荷载—位移曲线呈现线性关系。与第一组试件相同，当加载到极限荷载的 70% ~80% 时，钢管管壁表面开始出现斜向的吕德尔斯滑移线。随着荷载的不断增加，滑移线由少变多，对于 B 类和 C、D 类试件出现滑移线的时间稍早于 A 类试件，随后试件进入非线性阶段，最后试件进入破坏阶段，在试件的不同部位均出现不同程度的壁板鼓曲破坏,但后期仍然具有较高的承载能力。

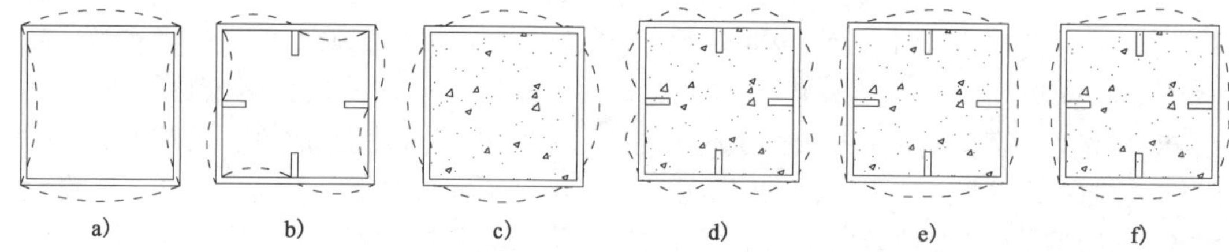

图 2.13 不同类型试件轴压破坏时的屈曲模态

对于普通的方钢管混凝土(A 类)试件,当荷载加载至极限荷载时一般在试件中部或接近中部开始出现鼓曲,鼓曲形状为整个壁板的局部屈曲,如图 2.13c)所示;对于设未开孔加劲肋的方钢管混凝土(B 类)试件和 PBL 加劲型方钢管混凝土(C 类)试件破坏模式分为两种情况,一种是加劲肋刚度满足最小加劲肋刚度要求的试件,与文献[78]、[74]等相似,由于试件端部加工的影响,局部屈曲通常在端部首先发生,但一般并不起控制作用,在试件大部分区域沿壁板的横向外鼓状变形为主,沿试件高度方向出现多个波峰,且屈曲位置越靠近柱中时现象越明显。除了 30-3 组(未充分加劲)试件之外,一般局部鼓曲的时间要明显晚于 A 类试件,这是因为设置加劲肋(PBL)之后,加劲肋(PBL)对壁板的刚度有明显提高,加劲肋(PBL)内嵌在混凝土之中相当于一个“支点”,有效限制了壁板的鼓曲,如图 2.13d)所示,承载能力要大于钢管、混凝土以及加劲肋三者承载力的叠加,承载能力得到显著提高;第二种是加劲肋刚度未满足最小加劲肋刚度要求的试件(30-3 组试件),不管是 B 类试件还是 C 类试件,试件发生的破坏模式一般与 A 类试件接近,加劲肋未能有效限制壁板的局部屈曲,试件发生整个壁板的局部屈曲,如图 2.13c)所示,但 C 类试件随着开孔孔径的增大,壁板屈曲的时间推迟,承载能力有一定提高。试件的屈曲一般沿试件不同高度均出现明显的屈曲,对于满足充分加劲条件的试件屈曲波峰的间距约为 1/2 柱的宽度,不同参数下各试件的具体局部屈曲形态如图 2.14、图 2.16、图 2.17、图 2.19、图 2.21 所示。切割开钢管后 A、B、C、D 试件内部的破坏形态分别如图 2.15、图 2.18、图 2.20、图 2.22 所示。

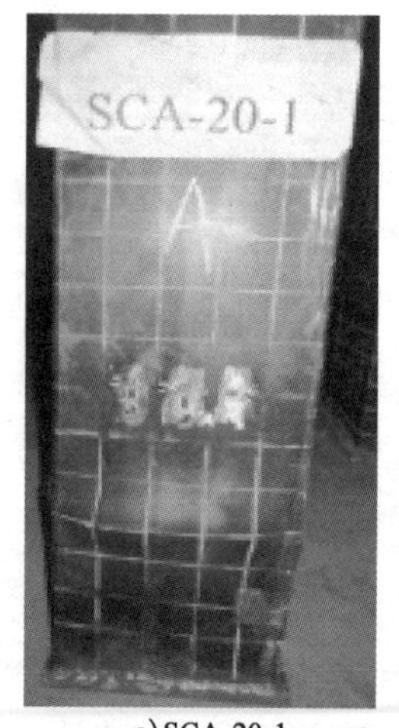

a) SCA-20-1

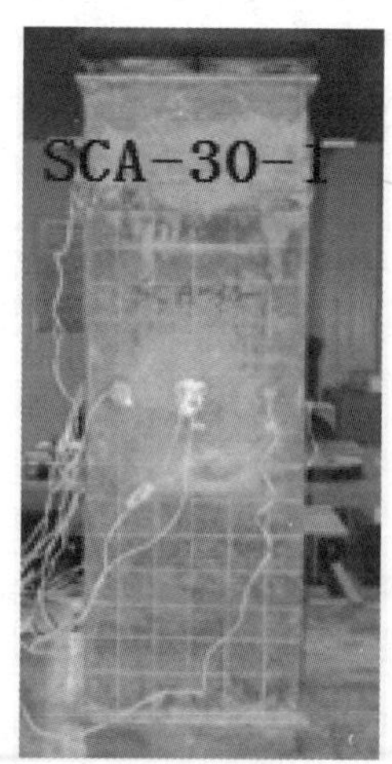

b) SCA-30-1

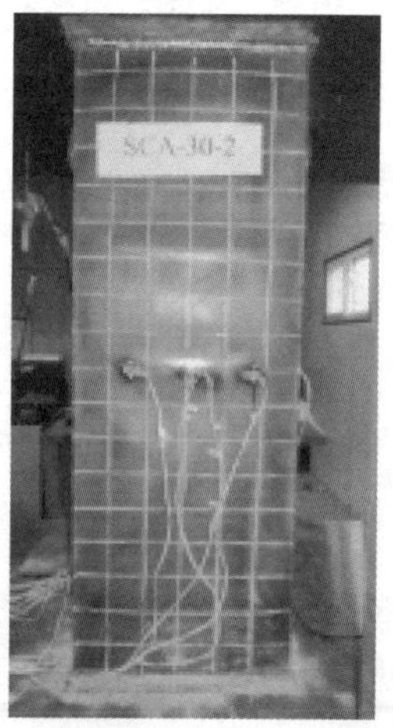

c) SCA-30-2

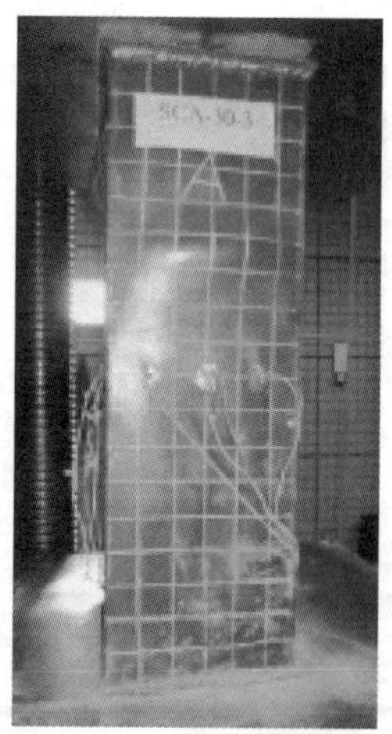

d) SCA-30-3

图 2.14 A 类试件的破坏形状

a) SCA-20-1

b) SCA-30-1

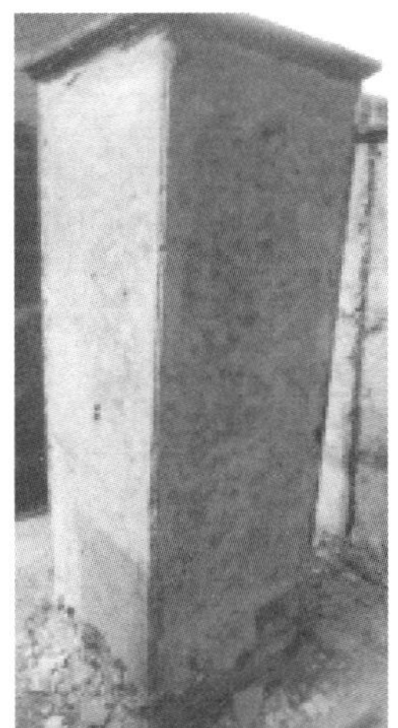

c) SCA-30-2

d) SCA-30-3

图 2.15　切割开钢管后 A 类试件内部的破坏形态

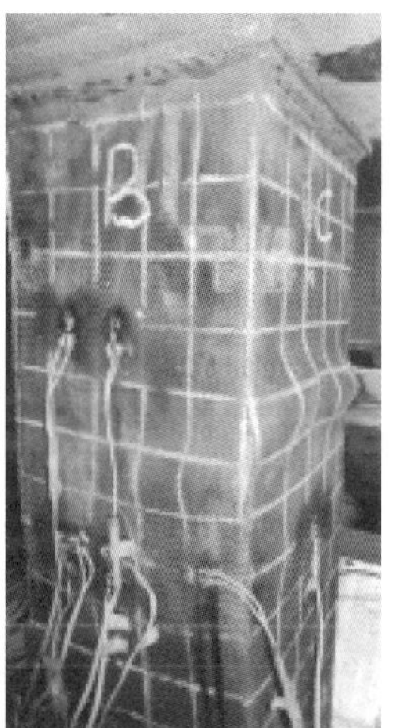

a) SCB-20-1

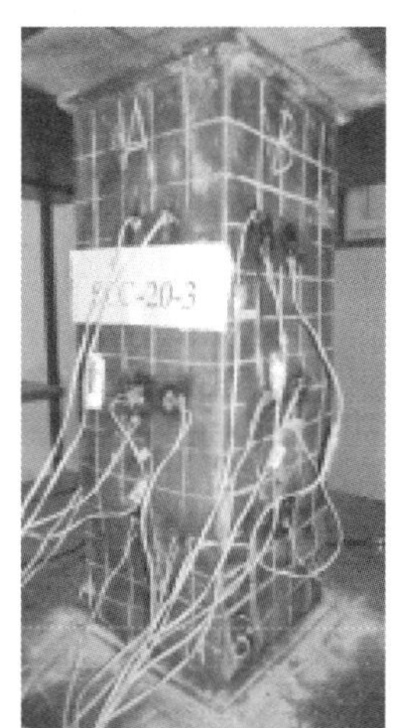

b) SCC-20-3

图 2.16　试件焊缝开裂图

a) SCB-20-1

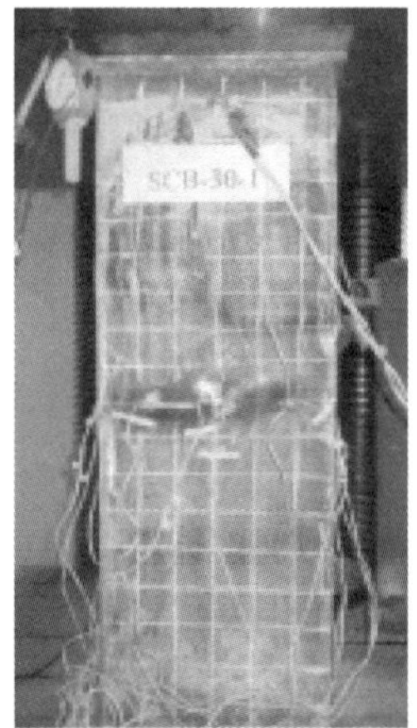

b) SCB-30-1

c) SCB-30-2

d) SCB-30-3

图 2.17　B 类试件的破坏形态

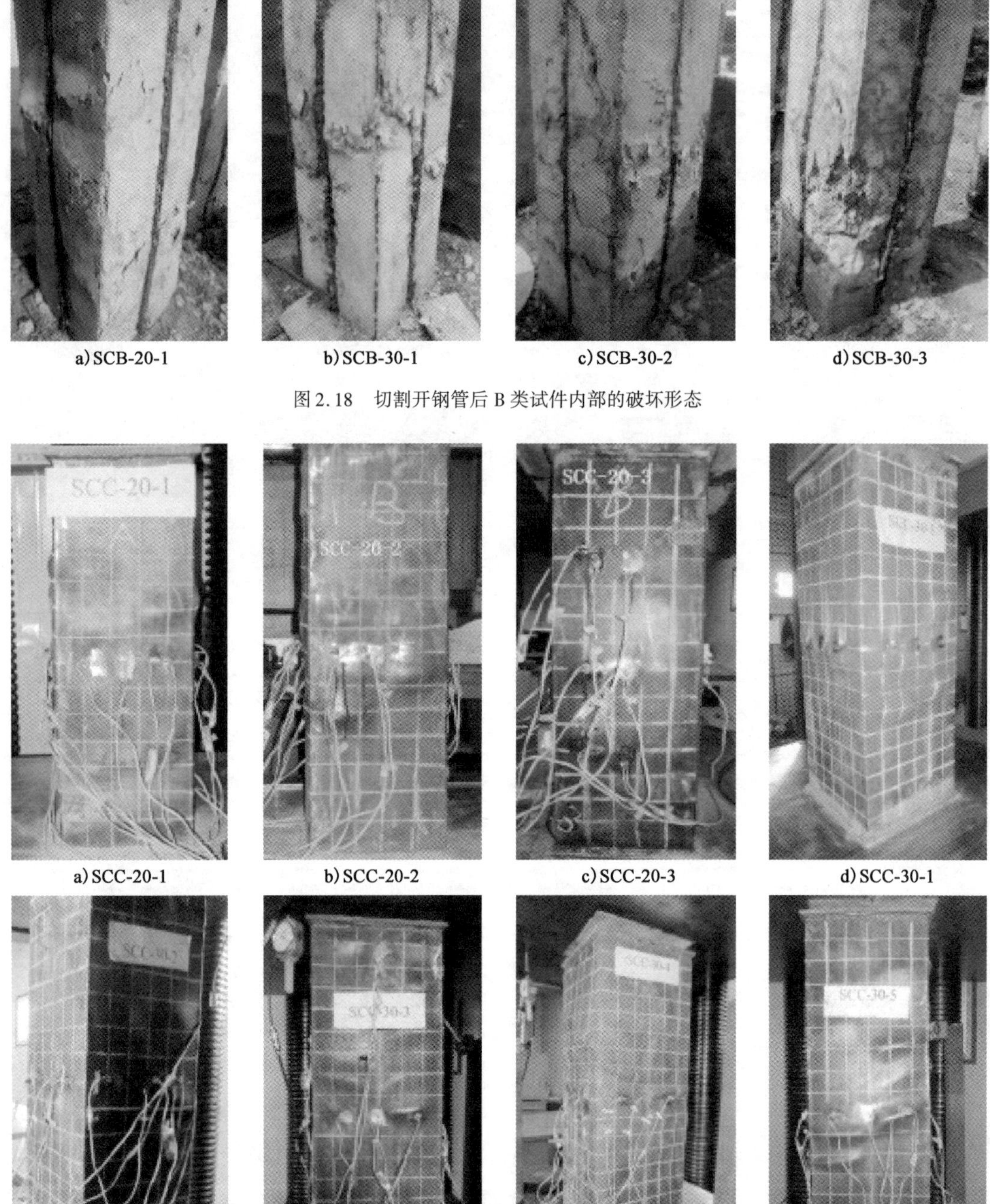

a) SCB-20-1　b) SCB-30-1　c) SCB-30-2　d) SCB-30-3

图 2.18　切割开钢管后 B 类试件内部的破坏形态

a) SCC-20-1　b) SCC-20-2　c) SCC-20-3　d) SCC-30-1

e) SCC-30-2　f) SCC-30-3　g) SCC-30-4　h) SCC-30-5

图　2.19

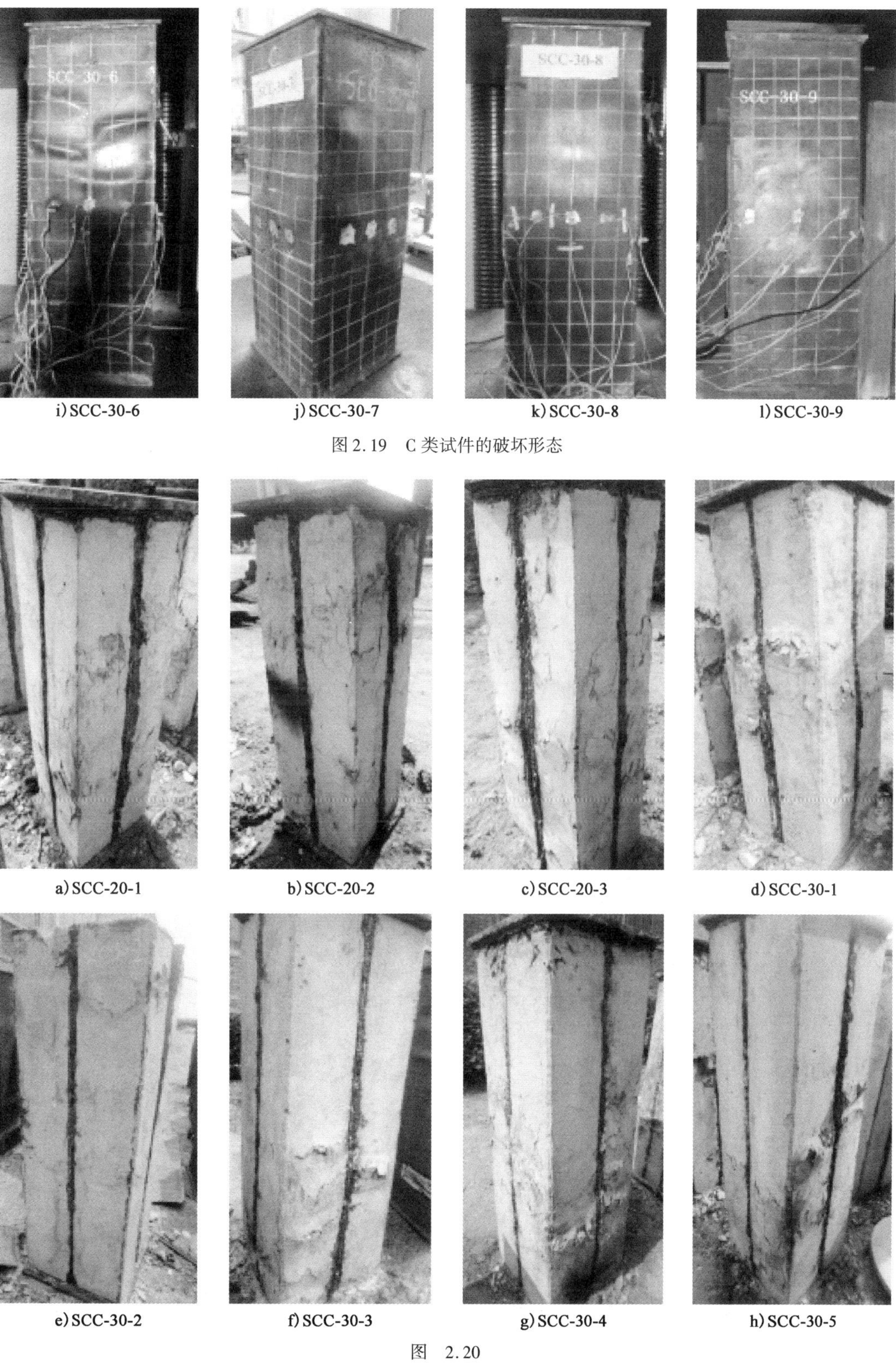

i) SCC-30-6　　j) SCC-30-7　　k) SCC-30-8　　l) SCC-30-9

图2.19　C类试件的破坏形态

a) SCC-20-1　　b) SCC-20-2　　c) SCC-20-3　　d) SCC-30-1

e) SCC-30-2　　f) SCC-30-3　　g) SCC-30-4　　h) SCC-30-5

图　2.20

i) SCC-30-9

j) SCC-30-7

k) SCC-30-8

l) SCC-30-9

图 2.20　切割开钢管后 C 类试件内部的破坏形态

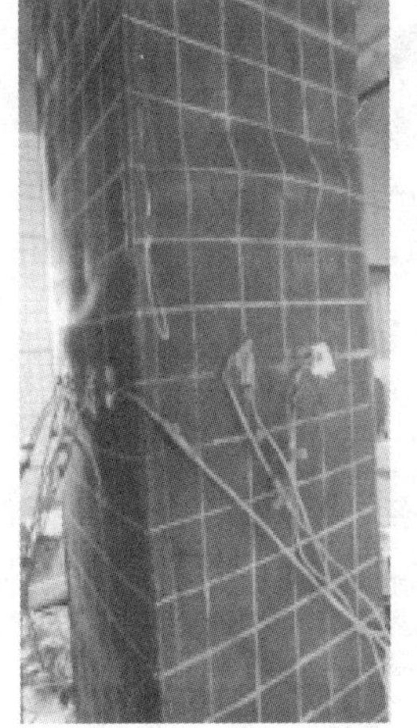

a) SCD-30-1

b) SCD-30-2

c) SCD-30-3

图 2.21　D 类试件的破坏形态

a) SCD-30-1

b) SCD-30-2

c) SCD-30-3

图 2.22　切割开钢管后 D 类试件内部的破坏形态

对于 D 类试件，试件的最终破坏模式与文献[74,78]破坏模式类似，也会发生局部的双波鼓曲，在试件上下不同位置处钢板均会产生向外的局部鼓曲，且随着钢板宽厚比的减小，试件局部屈曲的现象越不明显，所有试件破坏之后均呈现良好的延性。另外，C 类试件的承载力除 30-3 组试件之外，在含钢率相同的情况下相对于 A 类与 B 类有所提高。

加载到极限荷载时，试件内部的混凝土被压碎，纵向变形迅速增大；达到极限承载力之后，对于 A 类试件承载力下降速度最快，之后趋于缓和；最终下降到一定荷载不再下降，结束试验。对于 B 类和 C、D 类试件，达到极限荷载值之后，荷载下降相对缓慢，试件延性很好。在荷载下降的过程中，试件 SCC-20-3 和试件 SCB-20-1 在柱子的棱角部位出现了焊缝开裂现象，如图 2.16 所示，这是由于在试件内部混凝土被压碎之后，体积膨胀加快，在钢管的角部和板面出现了较大的横向拉力，再者可能是这两个试件在焊接拼装时，焊缝的焊接质量不好。

第二组试验完成后，将短柱试件的钢管用氧气—乙炔火焰进行切割，可以观察到试件的内部情况。从试件内部混凝土裂缝的开展情况可以发现：对于 A 类试件，混凝土的破坏在钢管鼓曲的局部位置有明显破损，其余大部分位置表面依然十分光滑，裂缝并不明显，钢管与混凝土的组合作用类似于钢管与混凝土的叠加，按照各自刚度承担荷载，方钢管对混凝土的约束主要集中在角隅部位，壁板对混凝土的约束能力有限，这与文献[1-3,105-107]所得结论一致，切剖完的内部混凝土如图 2.15 所示。对于 B 类、C 类和 D 类试件，由于加劲肋(PBL)的存在，增大了钢与混凝土的接触面积，内部混凝土破坏情况较 A 类试件“严重”，混凝土在不同部位的裂缝均十分明显，裂缝布满整个试件，且 C、D 类试件裂缝较 B 类试件更为均匀，在 PBL 周围裂缝较为密集，说明在方钢管混凝土内部增设加劲肋(PBL)之后，钢与混凝土的组合作用得到加强，可以将所受外荷载有效传递给混凝土，增强钢与混凝土的共同受力，部分试件切剖之后发现核心混凝土被 PBL“分割”，孔内混凝土被剪切破坏。切剖之后的混凝土照片如图 2.18、图 2.20、图 2.22 所示，PBL 方钢管混凝上试件切剖后顶面照片如图 2.23所示。

a) SCC-30-2

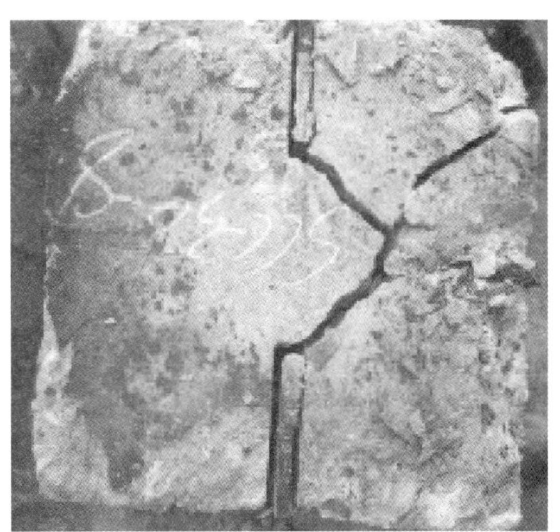

b) SCC-30-8

图 2.23　PBL 方钢管混凝土试件切剖后顶面照片

2.3.2 钢管混凝土轴压短柱的 N-Δ 曲线

试件的整体轴压力学性能指标主要有试件的极限承载力、峰值应变、延性等,可以由试件的轴向荷载(N)—试件纵向位移(Δ)关系曲线或试件轴向荷载(N)—应变(ε)的关系曲线来反映。通过纵向对称布置在试件对角线上的两个位移计,测得试件的纵向位移(Δ_i)利用其算术平均值求得试件的纵向平均位移 $\Delta[\Delta = 1/2(\Delta_1 + \Delta_2)]$。

表 2.4 列出了第一组试件的承载力、与之对应的轴向位移值以及与试件 KGD 的比值。由表 2.4 中可以看出,与文献[71,74,78,80]相同,相对于空钢管 KGD 试件,填充混凝土之后,试件的承载力均得到了大幅度提高。试件 TJC、TJB、TJA 与试件 KGD 的极限荷载比值分别为:1.55、1.49、1.25。其中试件 TJA 与试件 KGD 相比,可以认为是试件 TJA 内填混凝土降低了用钢量,即由原来板厚 12mm 减小为 8mm,用钢量减小 33%,然而承载力仍然提高了约 25%。

试件承载力与相应轴向位移实测值(第一组) 表 2.4

试 件 编 号	N_u(kN)	U_{cu}(mm)	N_u/N_{cuD}	U_{cu}/U_{cuD}
TJA	8200	13.82	1.25	0.71
TJB	9700	13.14	1.49	0.67
TJC	10200	11.78	1.55	0.60
KGD	6560	19.51	1.00	1.00

注:U_{cu} 为试件破坏时的最大轴向位移;N_u 为试件破坏时的极限荷载;U_{cuD} 为试件 KGD 的最大轴向位移;N_{cuD} 为试件 KGD 的极限荷载。

将试件 TJA、TJB、TJC、KGD 的荷载—竖向位移曲线绘图如图 2.24 所示。20-4、30-4、30-8组荷载—位移曲线如图 2.25 ~ 图 2.27 所示。从图 2.24 可以看出,四个试件受力全过程基本相同,从开始加载到失去承载力都经历了弹性增长段、弹塑性增长段和失效段。加载初期,四个试件的荷载—位移关系呈线性增长,但试件 TJC、TJB、TJA 的切线斜率比试件 KGD 大,表明试件 TJC、TJB、TJA 的弹性刚度相对较大,可见钢管内填充混凝土对提高钢箱柱的轴压刚度具有明显的作用。

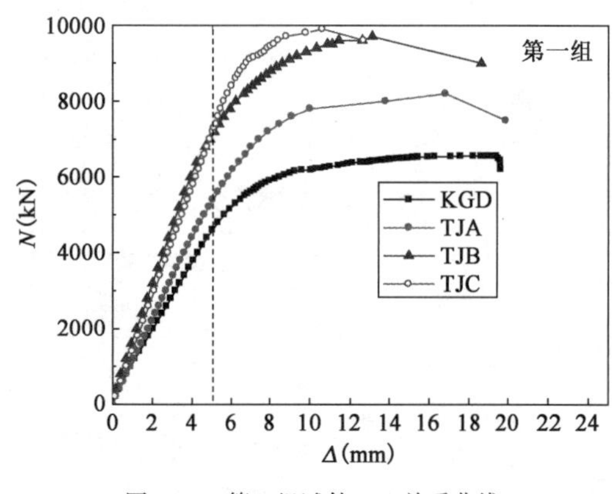

图 2.24 第一组试件 N-Δ 关系曲线

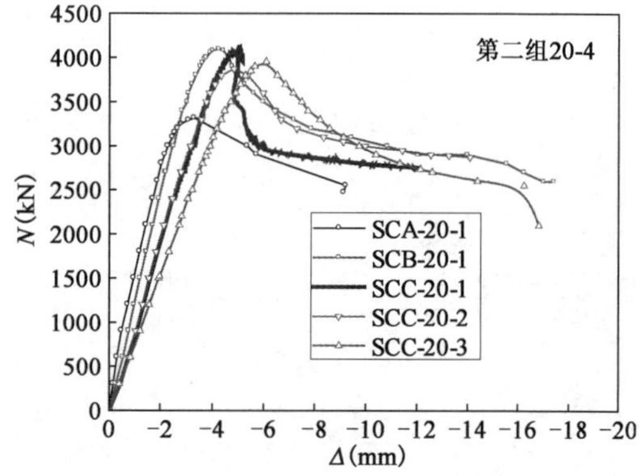

图 2.25 20-4 组试件荷载—位移曲线

由表 2.5 ~ 表 2.7 中可以看出,C 类试件与 A 类试件相比较,增设 PBL(加劲肋)之后,试件的承载力均得到了明显提高,以表 2.6(30-4 组试件)为例,增设 PBL 之后的 C 类试件相比 A 类试件 SCA-30-1 承载力提高了 14% ~ 28%,即相对于 A 类试件,C 类试件的含钢率提高了约 1%,然而承载能力却提高了 14% 以上;相对于 B 类试件 SCC-30-1 ~ SCC-30-3 含钢率分别下降了0.6% ~1.5%，承载力仍然提高了3% ~17%。由表2.5、表2.7可以看出，对比B类试件，C类试件由于加劲肋板开孔，试件截面刚度和强度削弱，特别是对于含钢率较高的30-8组试件，C类试件相对于B类试件承载力能力提高并不明显，反而有所降低。由表2.5 ~ 表2.7还可以看出，C类试件的极限承载力与开孔直径的大小有一定关系，但并没有一定的线性规律可循，这可能与混凝土的浇筑质量和试验误差有关系。此外，B、C类试件相对于A类试件的最大轴向位移(Δ_u)也均有不同程度的提高，试件延性明显提高。

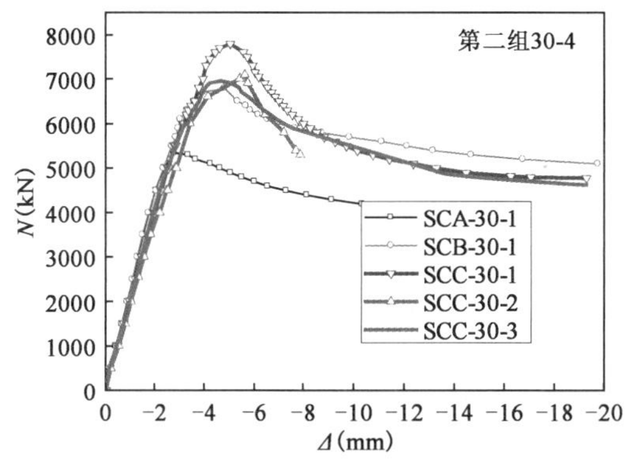

图2.26　30-4组荷载—位移曲线

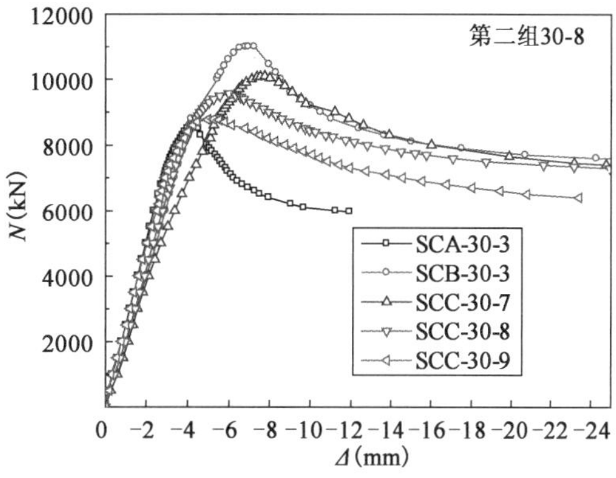

图2.27　30-8组荷载—位移曲线

试件承载力与相应轴向位移实测值(20-4组)　　表2.5

试件编号	N_u(kN)	U_{cu}(mm)	N_u/N_{uA}	U_{cu}/U_{cuA}
SCA-20-1	3318	-3.31	1.00	1.00
SCB-20-1	4096	-4.25	1.23	1.29
SCC-20-1	4122	-5.07	1.24	1.53
SCC-20-2	3874	-4.84	1.17	1.46
SCC-20-3	3955	-6.09	1.19	1.84

注：U_{cu}为试件破坏时的最大轴向位移；N_u为试件破坏时的极限荷载；U_{cuA}为A类试件的最大轴向位移；N_{uA}为A类试件的极限荷载。下同。

试件承载力与相应轴向位移实测值(30-4组)　　表2.6

试件编号	N_u(kN)	U_{cu}(mm)	N_u/N_{uA}	U_{cu}/U_{cuA}
SCA-30-1	6100	-2.78	1.00	1.00
SCB-30-1	6798	-4.82	1.11	1.73
SCC-30-1	7793	-5.05	1.28	1.82
SCC-30-2	7088	-5.61	1.16	2.02
SCC-30-3	6954	-4.67	1.14	1.68

试件承载力与相应轴向位移实测值(30-8组)　　表2.7

试件编号	N_u(kN)	U_{cu}(mm)	N_u/N_{uD}	U_{cu}/U_{cuD}
SCA-30-3	8619	-4.20	1.00	1.00
SCB-30-3	10997	-6.81	1.28	1.62
SCC-30-7	10096	-7.76	1.17	1.85
SCC-30-8	9566	-5.99	1.11	1.43
SCC-30-9	8777	-5.24	1.02	1.25

由表 2.8 可以看出,对于 30-3 组试件而言,相对于 A 类试件 B、C 类试件承载能力并未有明显提高,轴向最大位移也小于 SCA-30-2。一方面,这可能是 30-3 组试件板厚较薄,初始缺陷对其承载能力的影响更为显著;另外一方面,30-3 组试件的宽厚比达到 100,虽然经过 PBL(加劲肋)的加劲,PBL(加劲肋)的刚度可能还没有达到加劲壁板所需的最小刚度,不能有效限制壁板的屈曲,壁板提前发生了局部屈曲。30-3 组试件荷载—位移曲线如图 2.28 所示。

试件承载力与相应轴向位移实测值(30-3 组)　　表 2.8

试 件 编 号	N_u(kN)	U_{cu}(mm)	N_u/N_{uA}	U_{cu}/U_{cuA}
SCA-30-2	5958	-4.98	1.00	1.00
SCB-30-2	5984	-4.58	1.00	0.92
SCC-30-4	5089	-3.69	0.85	0.74
SCC-30-5	5969	-4.20	1.00	0.84
SCC-30-6	6111	-4.09	1.03	0.82

D 类试件荷载—位移曲线如图 2.29 所示。由表 2.9 可以看出,D 类试件的极限承载力除 SCD-30-2 试件之外,其余两个试件承载力均得到提高,且比同等含钢率的 C 类试件 SCC-30-3 和 SCC-30-9 提高系数明显增大,这说明双肋布置较单肋布置,其承载力提高更有优势,这与文献[108]试验所得出的结论基本一致。

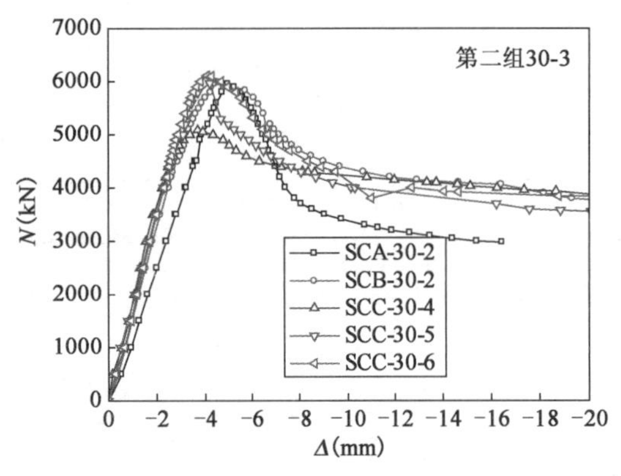

图 2.28　30-3 组试件荷载—位移曲线

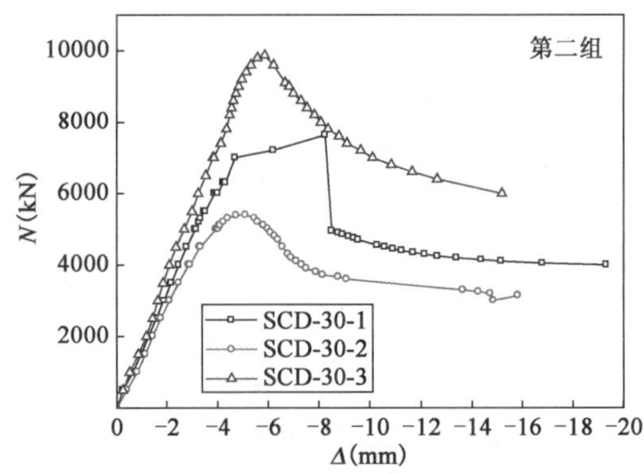

图 2.29　D 类试件荷载—位移曲线

试件承载力与相应轴向位移实测值(D 组)　　表 2.9

试 件 编 号	N_u(kN)	U_{cu}(mm)	N_u/N_{uA}	U_{cu}/U_{cuA}
SCA-30-1	6100	-2.78	1.00	1.00
SCD-30-1	7627	-8.25	1.25	2.97
SCA-30-2	5958	-4.98	1.00	1.00
SCD-30-2	5391	-5.12	0.90	1.03
SCA-30-3	8619	-4.2	1.00	1.00
SCD-30-3	9871	-5.88	1.15	1.40

将表 2.1 中第二组试件的极限承载力绘图,如图 2.30 ~ 图 2.33 所示。由图 2.30 ~ 图 2.33可以看出,对于 20-4、30-4、30-8 组试件,B 类试件、C 类试件相对于 A 类试件均能明

显提高承载能力，这说明只要在方钢管混凝土内部增设 PBL 且 PBL 加劲刚度满足一定的条件，就能够有效限制钢管管壁的屈曲，增强钢—混凝土组合作用，从而提高承载力。而对于 30-3 组试件，B 类试件、C 类试件相对于 A 类试件承载能力提高不多，这是因为 30-3 组试件壁板宽厚比达到了 100，壁板存在局部屈曲，而 PBL 加劲刚度可能不满足充分加劲。从图中还可以看出，孔径的间距对于承载能力有一定影响，但影响较小，而孔直径对试件承载力的影响较大。

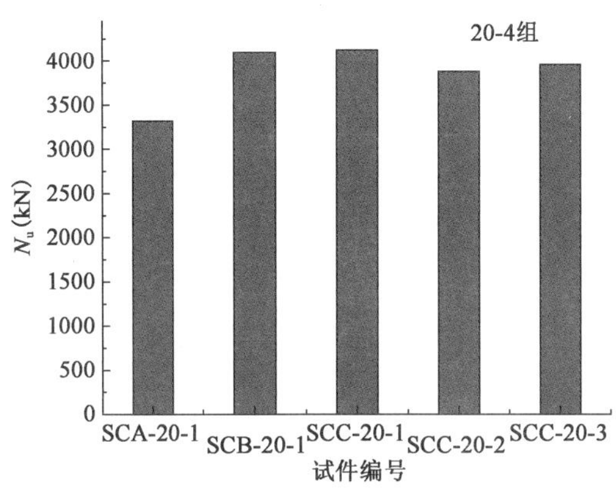

图 2.30　20-4 组试件承载力比较

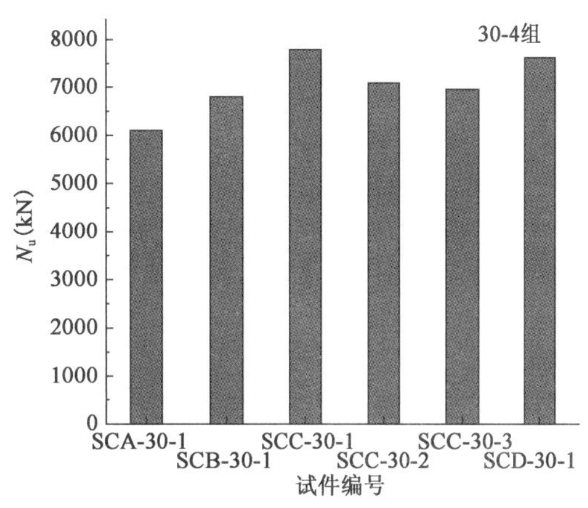

图 2.31　30-4 组试件承载力比较

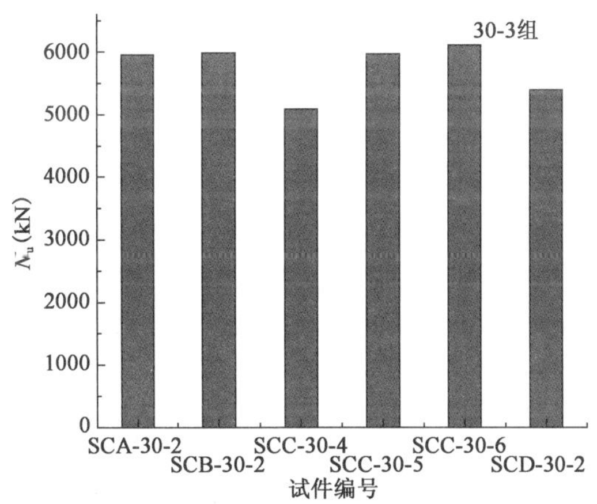

图 2.32　30-3 组试件承载力比较

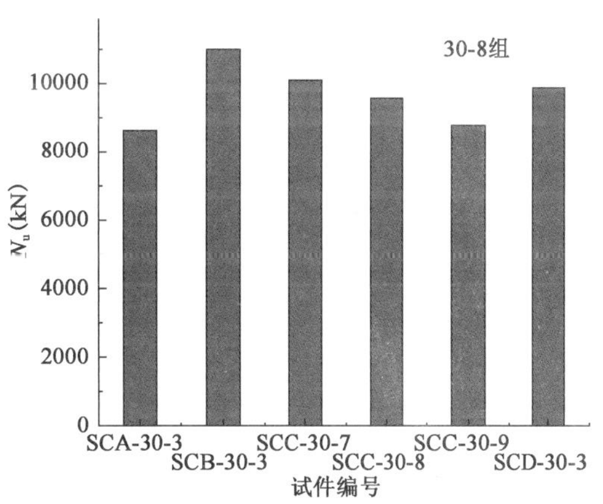

图 2.33　30-8 组试件承载力比较

两批试验在加载到峰值荷载之后，试件在下降段趋势和最终残余承载力有所不同，原因是两批试件的加载操作方式不同所致。对于第一组试件因试验机测试手段的原因，当加载至极限荷载时不能转为位移加载，因此未测出下降段。从上述分析可知，第二组试件的荷载（N）—位移（Δ）曲线大致可分为上升段和下降段，进一步又大致可分为三个阶段，如图 2.34 所示。

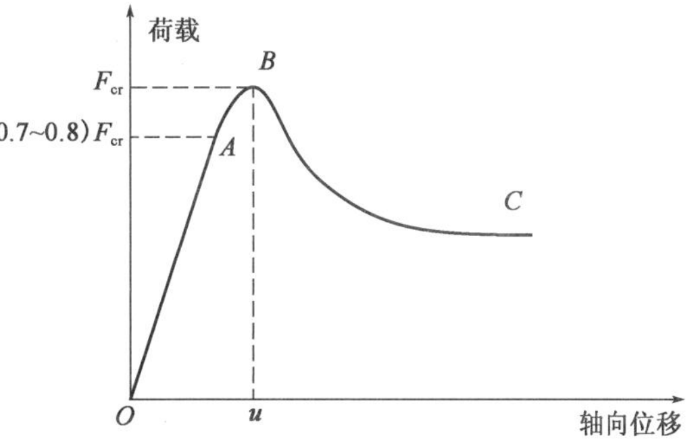

图 2.34　轴压短柱荷载—位移曲线图

(1)弹性工作阶段(OA)

即从开始加载到极限承载力的70% ~80%之间,在此阶段,钢管、混凝土、PBL均处于弹性工作状态,荷载—位移曲线基本上呈直线。在这一阶段,试件外观无异常变化。

(2)弹塑性工作阶段(AB)

进入此阶段后,从荷载—位移曲线可以看出,柱子的刚度下降,切线斜率减小;核心混凝土在轴向压力作用下,混凝土微裂缝不断开展,处于稳定裂缝发展期[109];而管壁在压力作用之下开始出现壁板的鼓曲,随着荷载的不断增加,鼓曲的不断加重,由于管内混凝土向内的屈曲被约束,对核心混凝土产生了约束作用。

(3)下降阶段(BC)

当达到极限荷载之后,曲线进入了下降段,试件的下降段曲线不同,下降的速度也不一样。此时混凝土的微裂缝之间相互贯通,核心混凝土快速的失去承载能力,导致整个试件的承载力也呈现明显的下降趋势。

2.3.3 钢管混凝土轴压短柱的 N-ε 曲线

在严格控制试验前试件与试验机的几何对中与物理对中的精度,以保证试件尽可能均匀受力且仅承受轴向压力作用的条件下,通过布置在试件中截面的纵向应变片和横向应变片,测得了试件轴向压力 N 与中截面各测点纵向应变关系 ε_v 曲线以及轴向压力 N 与横向应变 ε_h 的关系曲线。

将试件 TJA、KGD、TJB、TJC 的 1/2 柱高截面处荷载—应变曲线绘图,如图 2.35 所示。其中图中 ε_v 代表纵向应变;ε_h 代表横向应变;图 2.35 中的纵横向应变曲线均为相应试件同一截面实测应变的平均值,计算横向应变曲线分别为相应试件纵向应变的绝对平均值乘以泊松比 0.3 所得,图中正应变为横向拉应变,负应变为纵向压应变。

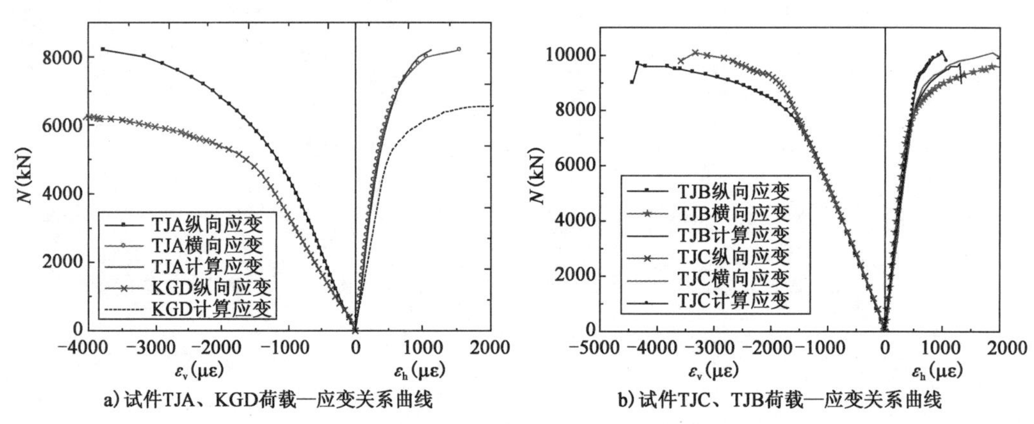

图 2.35 第一组试件荷载—应变曲线

由图 2.35 荷载—应变曲线可以看出,应变的变化大致经过了两个阶段:第一阶段为弹性变形阶段,此时试件的横向、纵向应变的绝对值之比为一常数,即钢材的泊松比;第二阶段为弹塑性变形阶段,在此阶段壁板计算横向应变大于实测横向应变,说明进入弹塑性阶段以后,随着混凝土的膨胀钢板对混凝土的约束作用增强。此时壁板出现了微小的"凹凸",但外观变形不够明显,肉眼无法观察到。

另外,由图 2.35b)还可以看出,纵肋开孔试件 TJB 相对试件 TJC 进入非线性较早,但其延性相对试件 TJC 要增强。说明纵肋开孔之后,虽然截面有所削弱,但协调变形能力增强,试件延性提高。

将第二组试件中截面处的荷载—应变曲线绘图如图 2.36a)所示,并将各个壁板的纵向压应变和横向拉应变取平均值,如图 2.36b)所示。

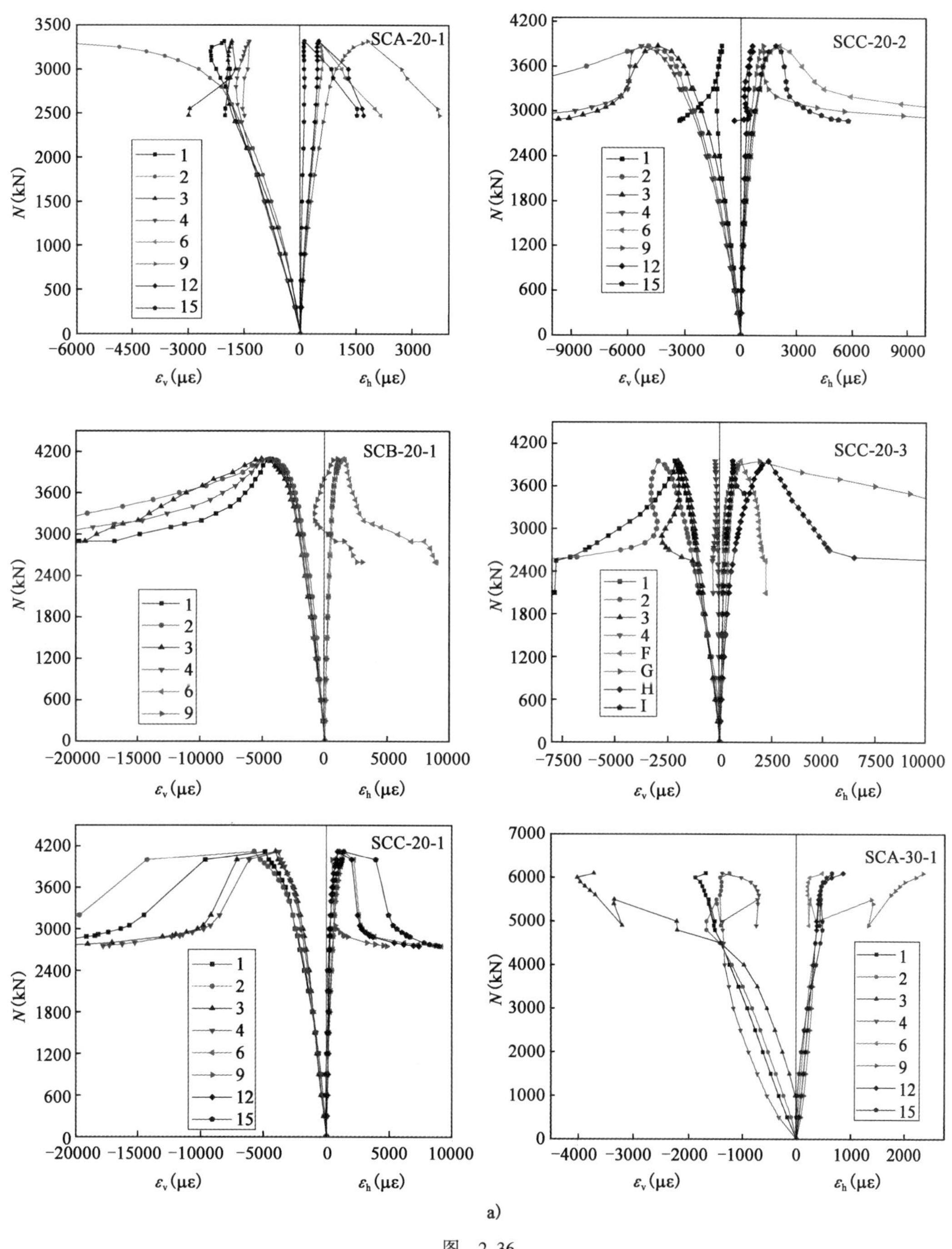

a)

图　2.36

SCB-30-1
SCC-30-3
SCC-30-1
SCA-30-2
SCC-30-2
SCB-30-2
N (kN)
ε_v (με)
ε_h (με)
1
2
3
4
6
9
12
15

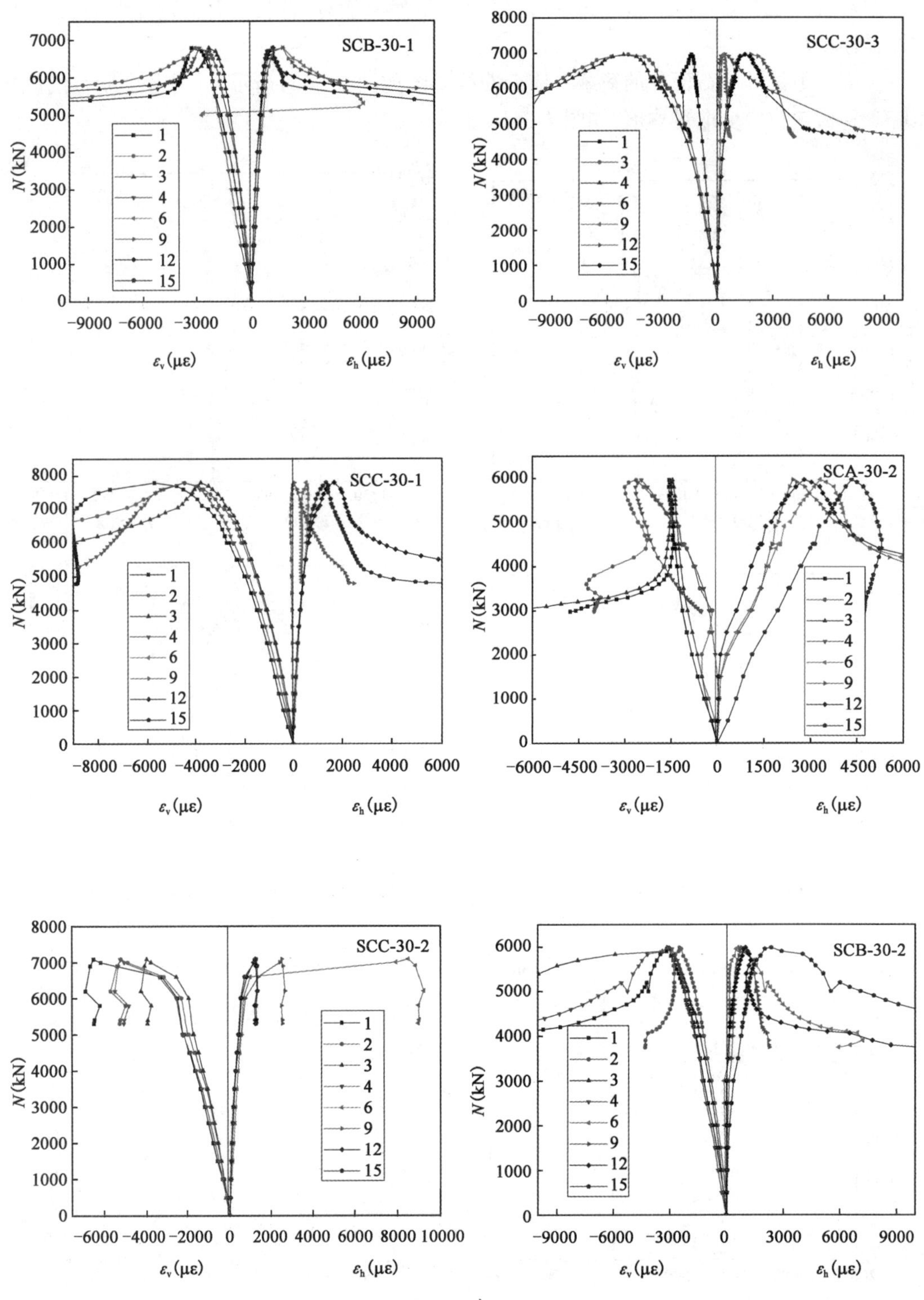

a)

图 2.36

SCC-30-4
SCA-30-3
SCC-30-5
SCB-30-3
SCC-30-6
SCC-30-7
N (kN)
ε_v (με)
ε_h (με)
1
2
3
4
5
6
7
8
9
12
15

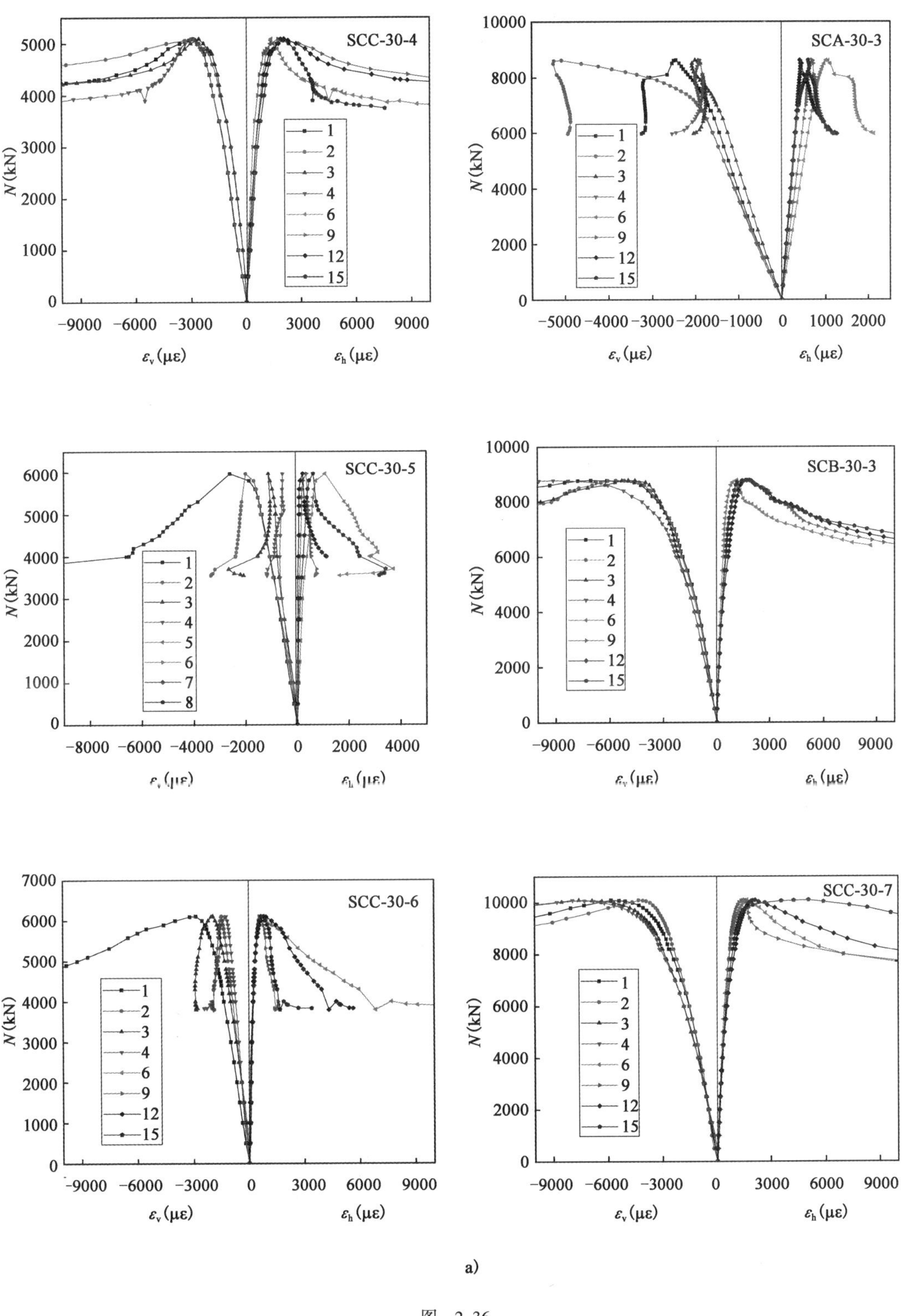

a)

图　2.36

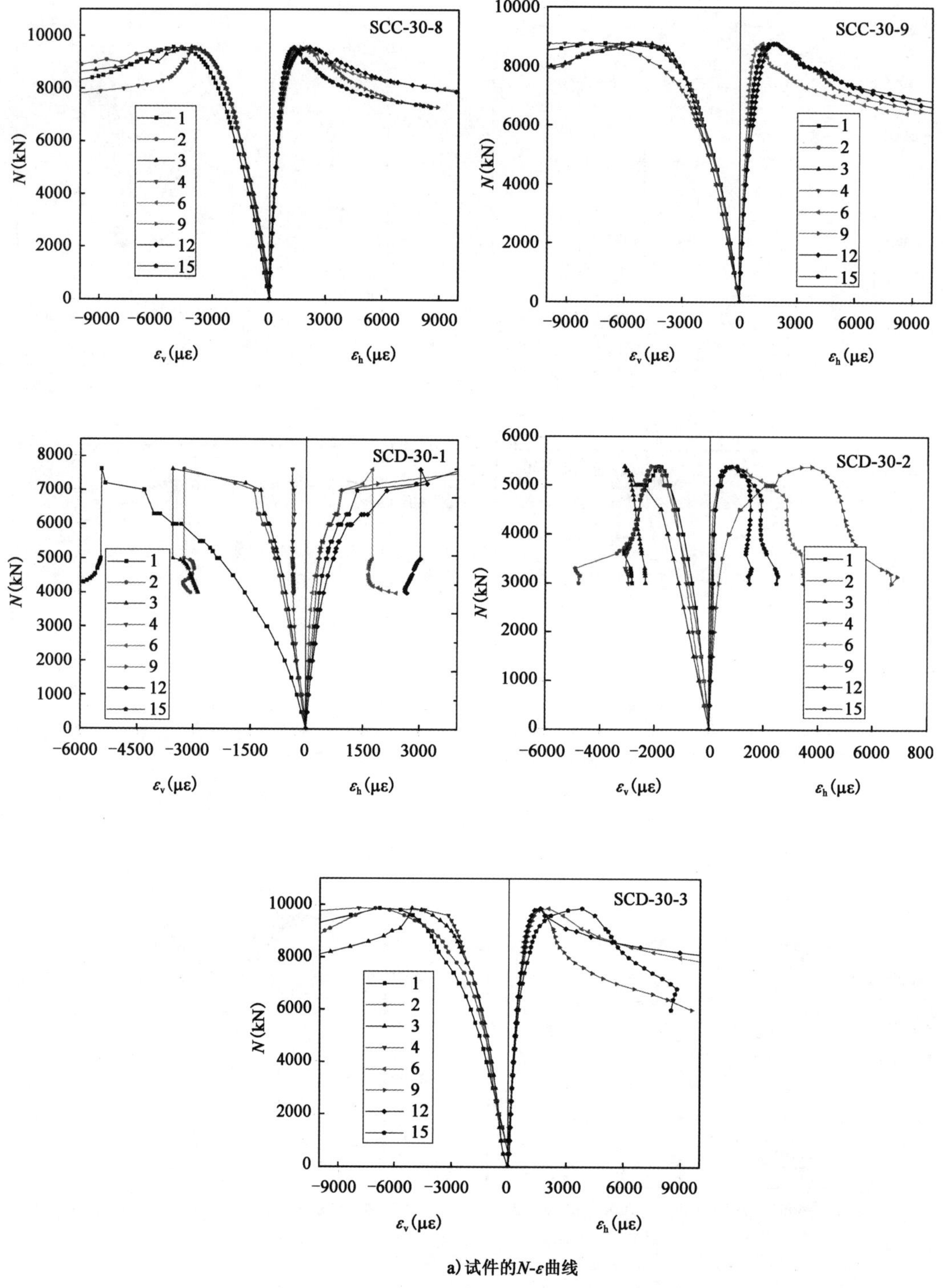

a) 试件的N-ε曲线

图 2.36

SCA-20-1
SCC-20-2
SCB-20-1
SCC-20-3
SCC-20-1
SCA-30-1
N (kN)
ε_v (με)
ε_h (με)
ε_v均值
ε_h均值

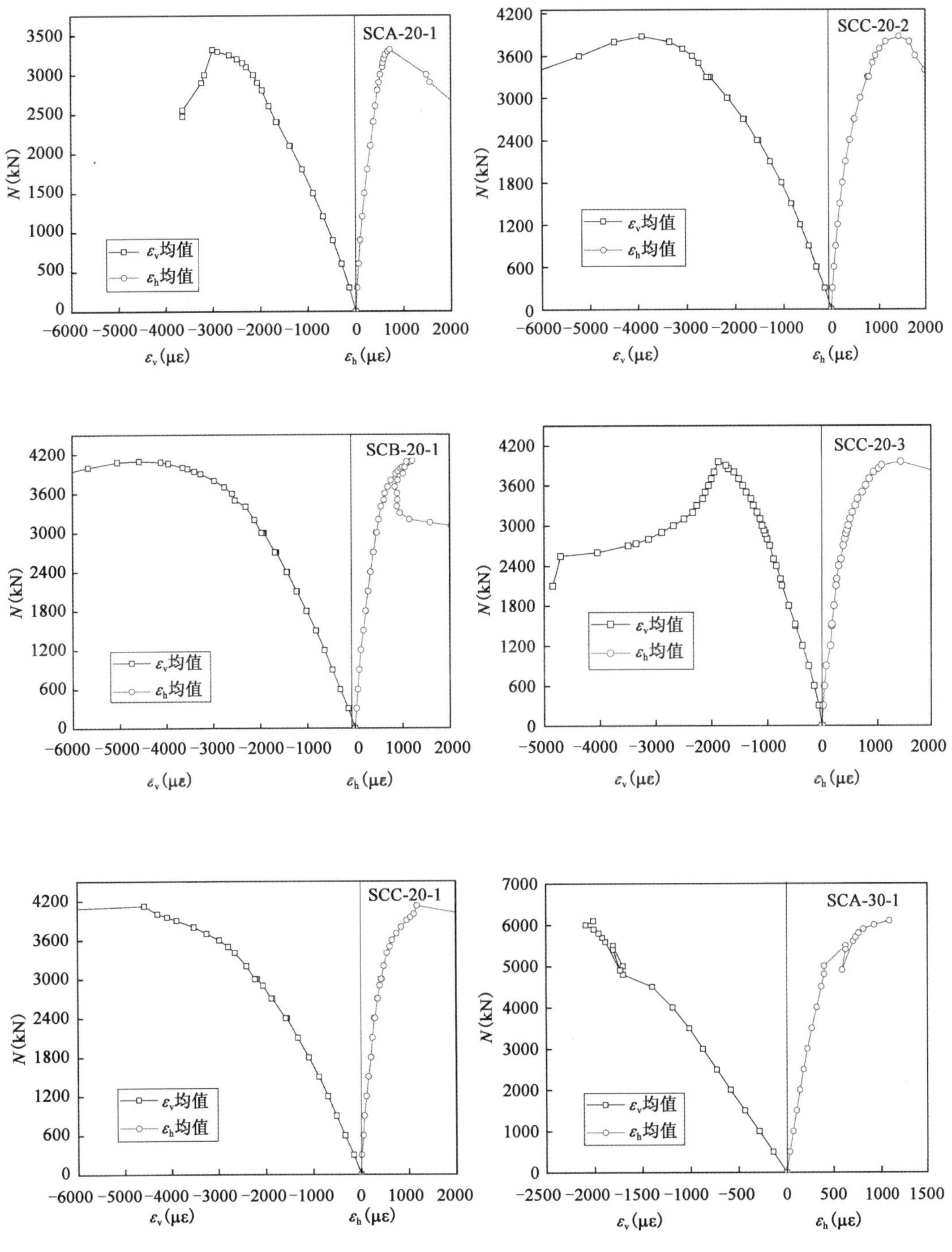

b)

图　2.36

SCB-30-1
SCC-30-3
SCC-30-1
SCA-30-2
SCC-30-2
SCB-30-2
N(kN)
ε_v均值
ε_h均值
ε_v(με)
ε_h(με)

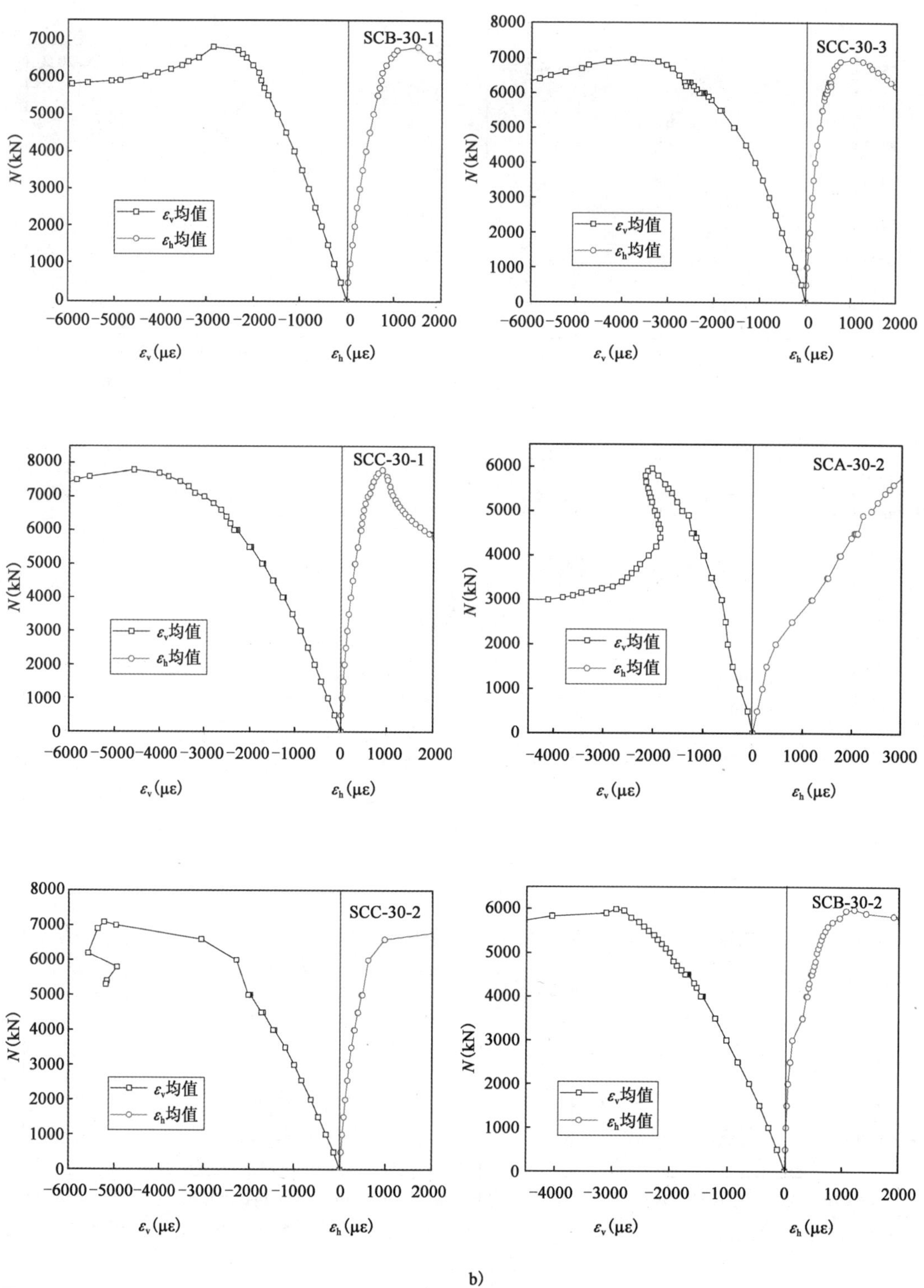

b)

图 2.36

SCC-30-4
SCA-30-3
SCC-30-5
SCB-30-3
SCC-30-6
SCC-30-7
N(kN)
ε_v均值
ε_h均值
ε_v(με)
ε_h(με)

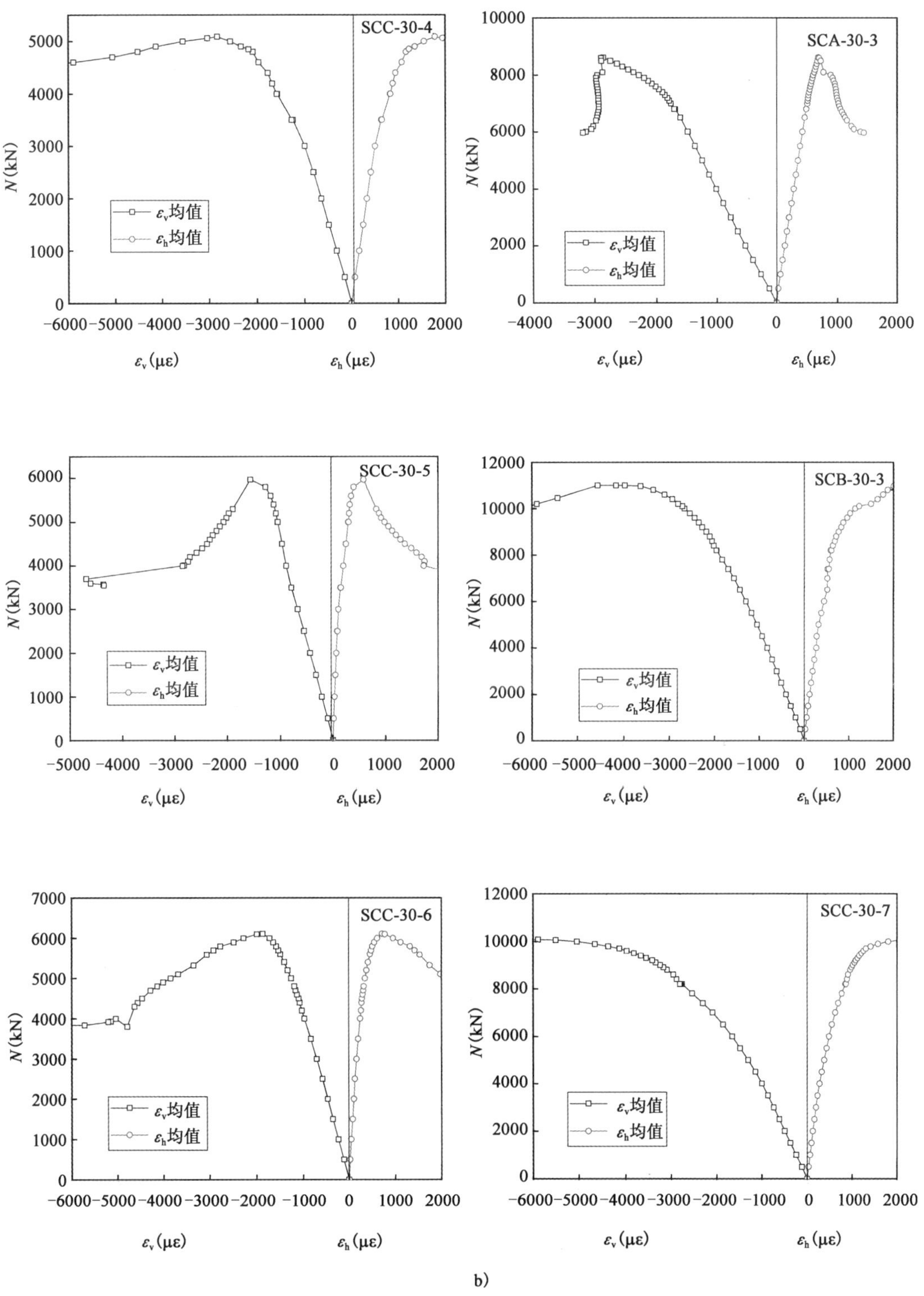

b)

图 2.36

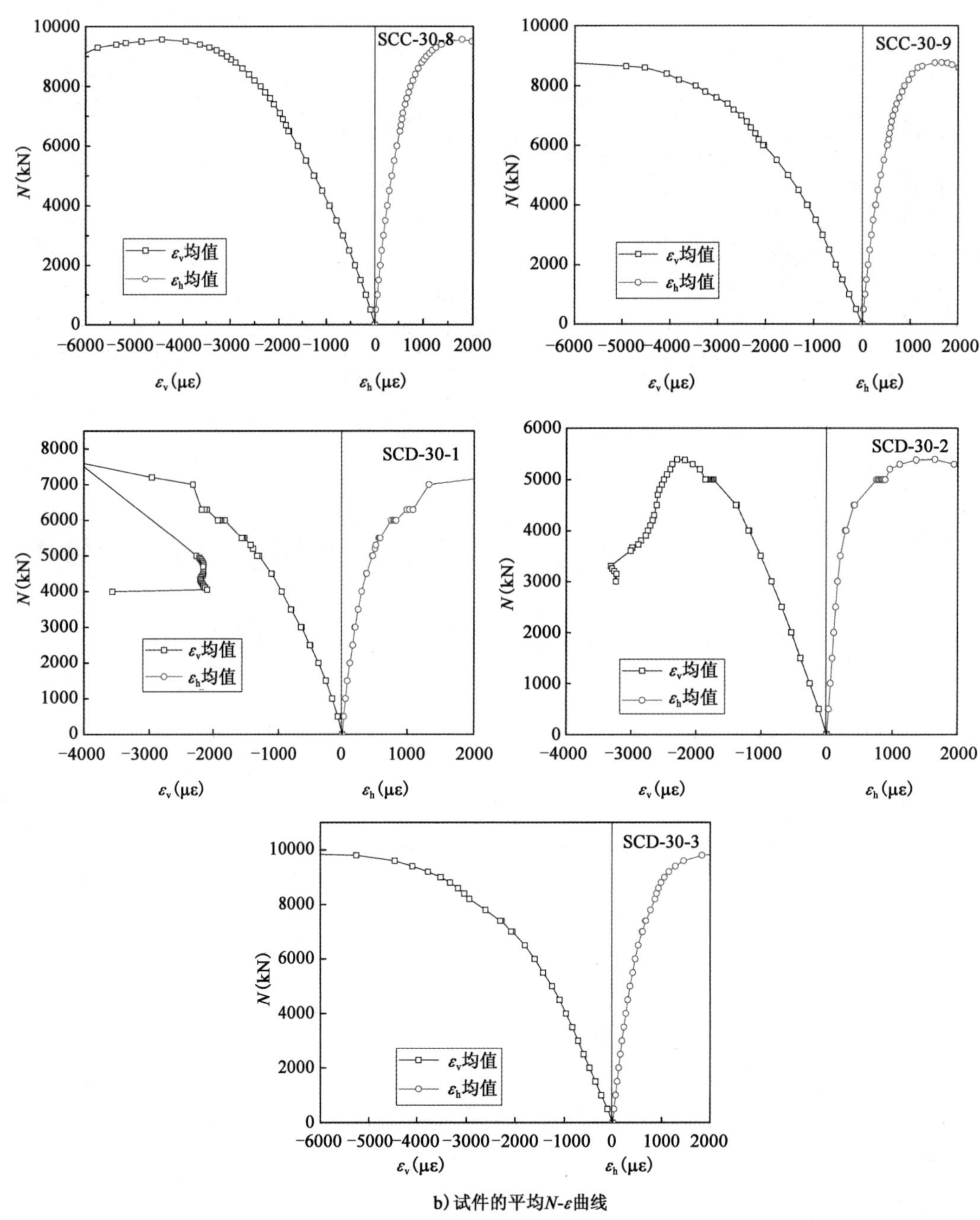

b) 试件的平均N-ε曲线

图 2.36　第二组试件荷载—应变图

由图 2.36b) 可以看出，所有测试试件的纵向应变和横向应变的变化规律大致相同。在弹性阶段，钢管横向与纵向应变呈线性增长趋势，且纵向压应变增长速率大于横向拉应变；此后钢管的纵向压应变和横向拉应变逐渐进入非线性阶段，在此阶段应变的增长不再是线性递增关系，分别呈现出非线性递增趋势。由图 2.36a) 可以看出，在弹性阶段，钢管的荷载纵横向应变曲线基本重合在一起，在非线性阶段，钢管的荷载纵横向应变曲线不再是重合的曲线开始出现“分叉”现象,这是由于进入非线性阶段之后,混凝土膨胀导致钢管壁板的横向应变开始出现明显变化。

将第二组试件的各个试件壁板中部的横向应变取平均值,每组试件的横向应变对比图如图 2.37 所示。

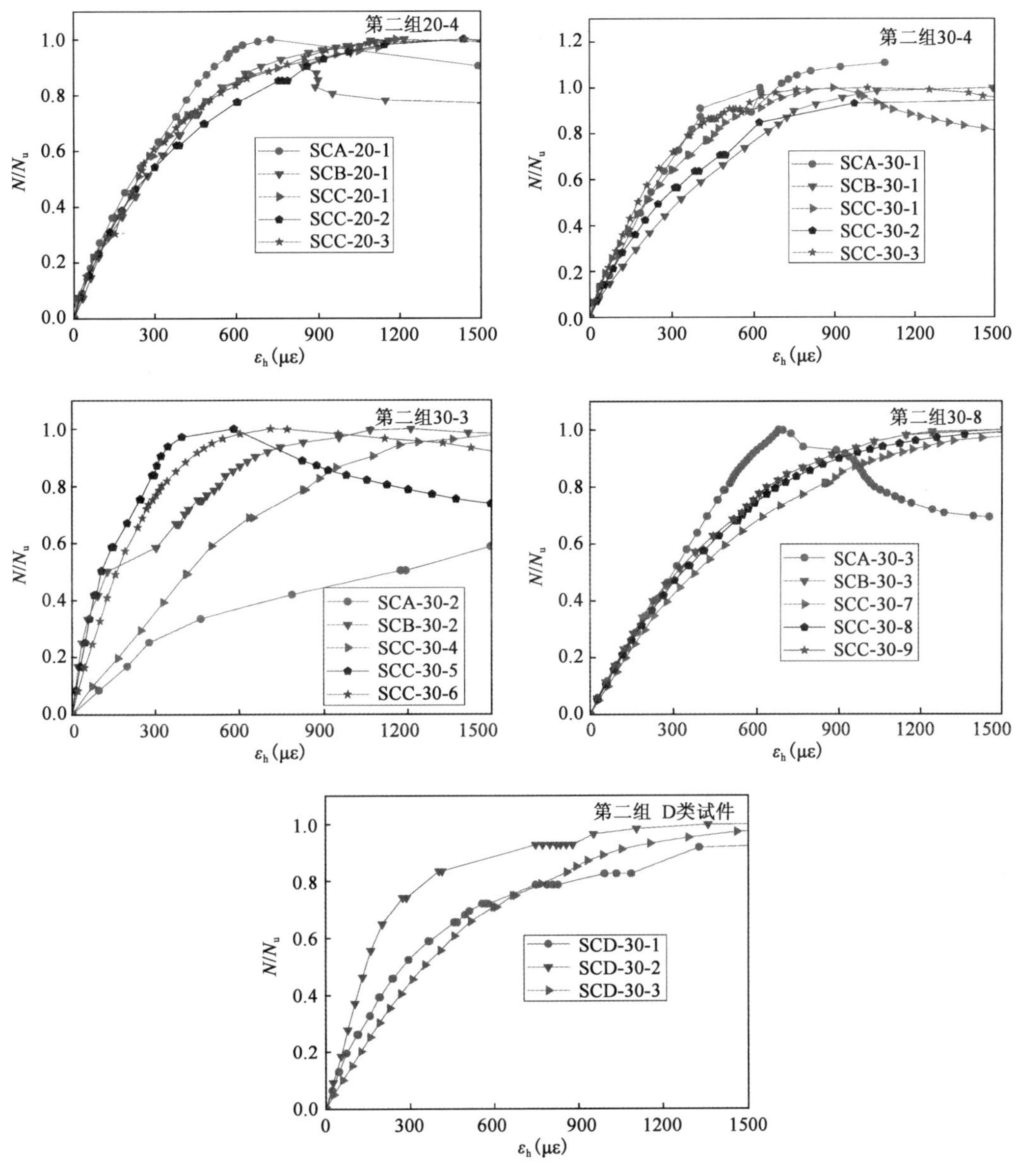

图 2.37　各组横向拉应变对比图

由图 2.37 中可以看出,在相同的荷载作用下,20-4 组、30-4 组、30-8 组试件的钢管管壁横向拉应变对比图可以看出,PBL(加劲肋)加劲型方钢管混凝土横向应变在进入非线性后基本都大于普通方钢管混凝土的横向拉应变,且 PBL 加劲型方钢管混凝土的横向应变稍大于普通设加劲肋钢管混凝土,而 30-3 组试件则恰恰相反,这说明对于宽厚比较小的试件,PBL 的主要作用在于增强钢—混凝土组合作用,钢管中部对核心混凝土的约束作用得到增强;而对于宽厚比较大的试件,钢管管壁及 PBL 对混凝土的约束作用减弱,PBL(加劲肋)在一定程度上起到的是钢管管壁的加劲作用,通过孔内混凝土与 PBL 的咬合限制壁板的局部屈曲。四组试件的宽厚比在 37.5 ~ 100 之间,由图 2.37 还可以看出,随着宽厚比的增大,横向拉应变出现"分叉"的时间亦明显提前,对于 30-8 组试件,试件的宽厚比最小为 37.5,在弹性阶段五个试件的荷载应变曲线基本保持一致,这说明宽厚比越大,需要的加劲肋刚度也越大。

为分析加载过程中钢管的受力状态,定义了相对荷载(即 N/N_u)作用下钢管中部横向应变与纵向应变的比值 U($U = \varepsilon_h/\varepsilon_v$)。由于方钢管混凝土沿边长受力不均匀,粘贴在角部和中部的横向应变片读数略有不同,计算时分别将钢管边中部横向应变、纵向应变取均值,U 也称为钢管混凝土的横向变形系数,得到试件 N/N_u 与 U 的关系曲线,如图 2.38 所示。由图可见,当荷载小于 $0.7N_u$ 时,除试件 SCA-30-2 之外,方钢管混凝土的横向变形系数接近于钢材的泊松比,当荷载大于 $0.7N_u$ 之后,横向变形系数随着荷载的增加不断变化。当达到极限荷载 N_u 时,方钢管混凝土的横向变形系数急剧变化。将各组试件荷载达到极限荷载 N_u 时的横向变形系数列于表 2.10 中。

峰值荷载时各组试件横向变形系数 表 2.10

试件编号	U_i	试件编号(30-4 组)	U_i	试件编号(30-3 组)	U_i	试件编号(30-8 组)	U_i
TJC	0.56	SCA-30-1	0.54	SCA-30-2	1.16	SCA-30-3	0.24
TJB	0.52	SCB-30-1	0.31	SCB-30-2	0.56	SCB-30-3	0.61
SCA-20-1	0.28	SCC-30-1	0.41	SCC-30-4	0.41	SCC-30-7	0.41
SCB-20-1	0.33	SCC-30-2	0.31	SCC-30-5	0.46	SCC-30-8	0.4
SCC-20-1	0.30	SCC-30-3	0.27	SCC-30-6	0.5	SCC-30-9	0.25
SCC-20-2	0.32	SCD-30-1	0.54	SCD-30-2	0.83	SCD-30-3	0.34
SCC-20-3	0.44						

由表 2.10 中可以看出,对于宽厚比较大的 30-4 组和 30-3 组试件,横向变形系数 U 大致符合 $U_A \geqslant U_D > U_B > U_C$,C 类试件的横向变形系数最小,说明 PBL 以及孔内混凝土能够有效限制壁板的屈曲,同时增强对核心混凝土的约束力;而对于宽厚比较小的 20-4 组和 30-8 组试件,横向变形系数 U 大致符合 $U_A < U_C < U_B$,A 类试件的横向变形系数基本为钢材的泊松比,说明壁板中部对核心混凝土的约束效应较小,B、C 类横向变形系数 U_B、U_C 大于 A 类横向变形系数 U_A,说明核心混凝土在 PBL(加劲肋)处存在较大作用力,导致壁板膨胀,从而使得壁板对核心混凝土也有反向作用力,即约束核心混凝土。B、C 试件横向变形系数存在差异的原因在于:加劲肋开孔之后,孔内混凝土与加劲肋共同组合作用,孔径如果足够大,等于加劲肋不存在了,钢管横向变形系数趋近于 A 类试件,如 SCC-30-9,若开孔直径适中,则加劲肋与孔内混凝土存在机械咬合力,故小于 B 类试件的横向变形系数。而由 20-4 组试件可以看出,随着孔径的个数增多,机械咬合力增大,横向变形系数小于 B 类。

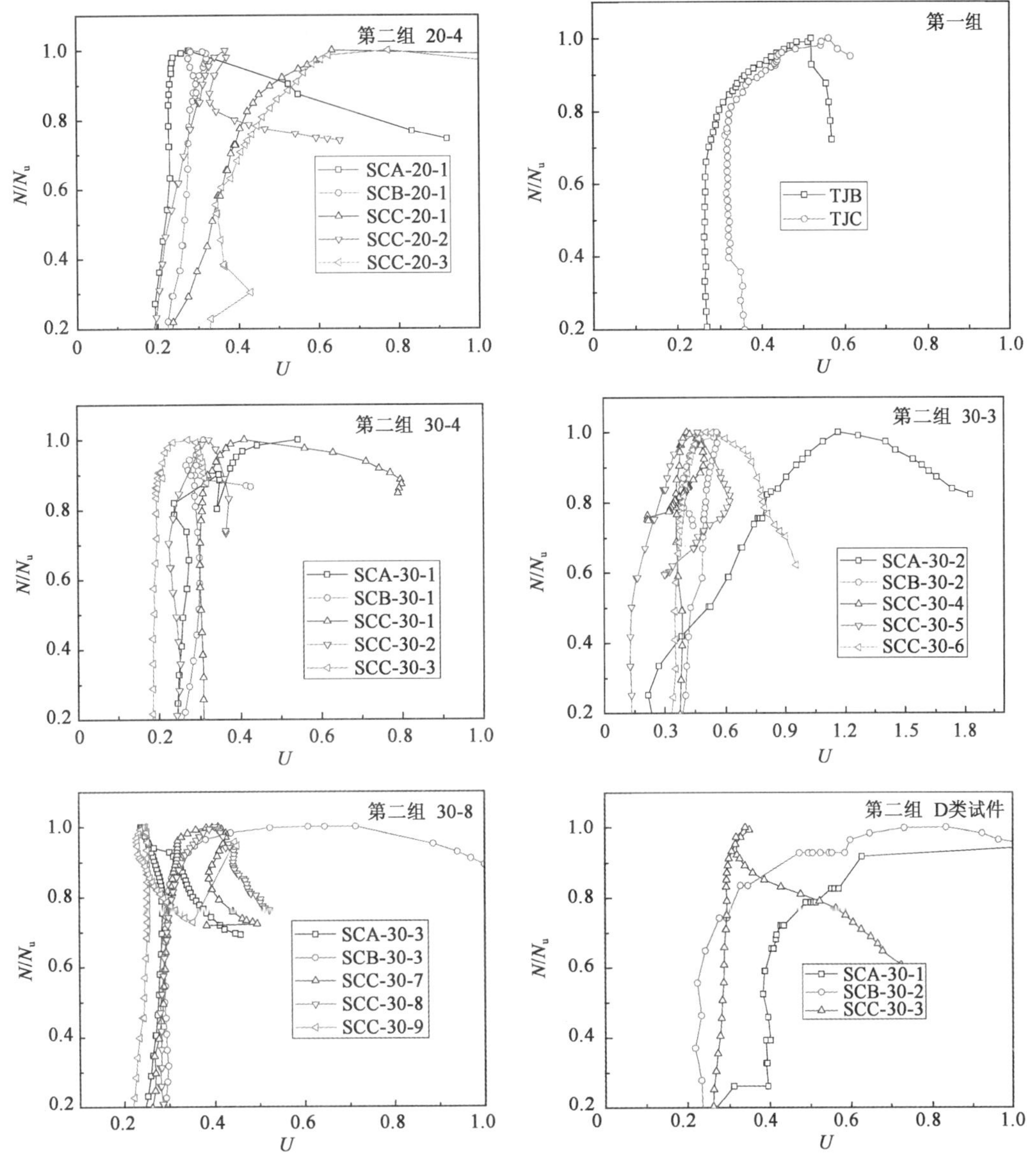

图2.38 试件 N/N_u 与 U 的关系曲线

2.3.4 钢管与加劲肋(PBL)N-ε 曲线对比

为了对比B类试件与C类试件在加载过程中加劲肋(PBL)的受力变化情况,在30-4组试件的PBL上粘贴了纵横向应变片。图2.39为30-4组试件钢管管壁上的纵向平均应变、横向(中间测点)平均应变与加劲肋(PBL)上的纵向应变、横向应变的对比比较图。由图中可以看出,在弹性阶段加劲肋(PBL)即可以充分参与全截面受力,随着荷载的不断增大,加劲肋(PBL)与钢管管壁纵向应变一起变大,协同工作。在钢材进入屈服阶段,钢管管壁纵向压应变继续不断增大,而加劲肋(PBL)纵向应变出现陡然尖角,说明此时加劲肋(PBL)开始发挥加劲作用,有效限制壁板的局部屈曲。随后加劲肋(PBL)纵向应变与钢管纵向应变不断增大,荷载出现下降。另外,在弹性阶段加劲肋(PBL)横向应变与钢管管壁横向应变基本保持一致,随着荷载的不断增大,两者之间开始出现差别,这说明管内的混凝土开始膨胀,钢管管壁横向应变开始大于加劲肋(PBL)横向应变。由图 2. 39a)中可以看出,SCB-30-1 试件在加载初期加劲肋纵横向应变基本等于钢管管壁纵横向应变,符合平截面假定。随着荷载的不断增大,钢管管壁纵横向应变与加劲肋纵横向应变开始出现"分叉",尤其是横向应变"分叉"更为明显,钢管管壁横向应变大于加劲肋处横向应变,而由图 2. 39b) ~ 图 2. 39d)可以看出,SCC-30-1、SCC-30-2、SCC-30-3 试件在加载初期钢管管壁纵横向应变与加劲肋的纵横向应变基本保持一致,出现分叉的时间要明显晚于 SCB-30-1,说明 PBL 中混凝土的"销栓"作用使得 PBL 与混凝土之间的黏结更为可靠。

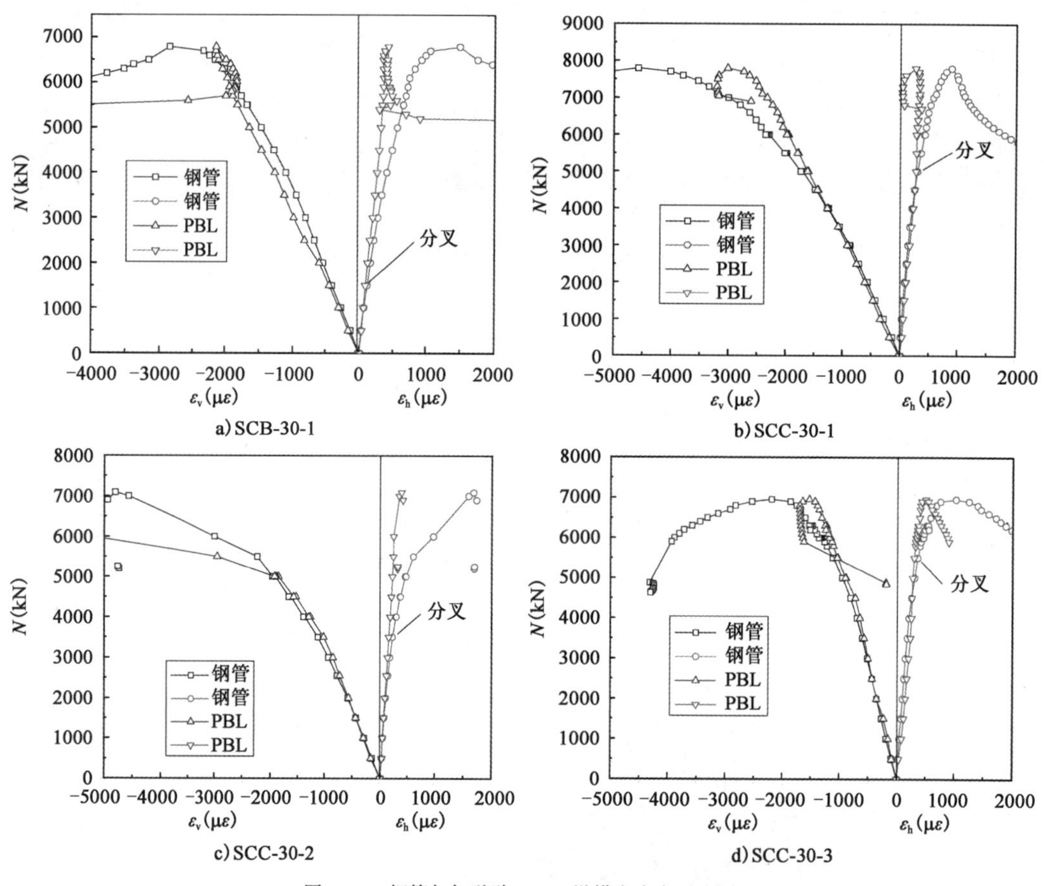

图 2. 39　钢管与加劲肋(PBL)纵横向应变对比图

2.3.5　α 与 γ_c 的关系

PBL 加劲型方钢管混凝土柱可以看作是由空钢管、核心混凝土以及 PBL(加劲肋)三者组成,在这三者组成的"系统"当中,钢管、PBL(加劲肋)均属于力学性能比较稳定的材料,受力比较明确,而混凝土由于受到内嵌的 PBL(加劲肋)和钢管的双重约束,受力情况比较复杂。众所周知,钢管混凝土突出的优点在于钢管对核心混凝土具有约束作用,从而提高承载能力和延性。圆形钢管混凝土的套箍约束作用最强,钢管对核心混凝土具有环向约束,但钢管连接构造较为复杂。与此相反,方(矩)形钢管混凝土的主要缺点是其套箍效应不明显。本书为了进一步分析B类和C类试件的约束效应,采用剥离分析法,将钢管和PBL(加劲肋)分离出来,比较核心混凝土提高系数γ_c随着含钢率α、套箍系数ζ的变化关系。分离时按照公式(2.1)计算,并将加劲肋(PBL)的承载能力考虑适当折减。

将本章试验数据与文献[71,74,78,80]中的试验数据进行统计,分别计算了混凝土提高系数γ_c与套箍系数ξ、含钢率α的关系,绘图在图2.40、图2.41中。

$$\gamma_c = \frac{N_u - f_y A_s - \gamma_s f'_y A'_s}{f_c A_c} \tag{2.1}$$

$$\alpha = \frac{A_s + \gamma_s A'_s}{A_c} \tag{2.2}$$

$$\xi = \frac{A_s f_y + \gamma_s A'_s f'_y}{A_c f_c} \tag{2.3}$$

式中,α为试件含钢率;ξ为试件的套箍系数;N_u为试验实测承载力;f_y为钢管屈服强度;A_s为钢管(箱)截面面积;f'_y为加劲肋的屈服强度;A'_s为加劲肋的面积;γ_s为PBL承载力折减系数($\gamma_s = 1 - d/b_s$);d为圆孔直径;b_s为加劲肋肋高;f_c为核心混凝土轴心抗压强度,$f_c = 0.76 f_{cu}$[110];A_c为内填混凝土的面积;γ_c为核心混凝土强度提高系数。

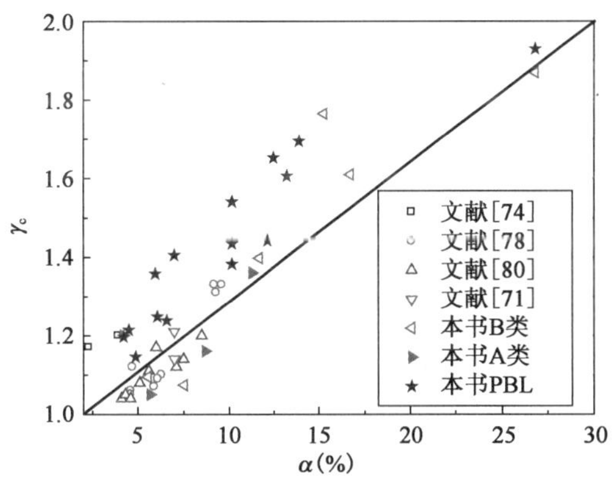

图2.40　γ_c与α的关系

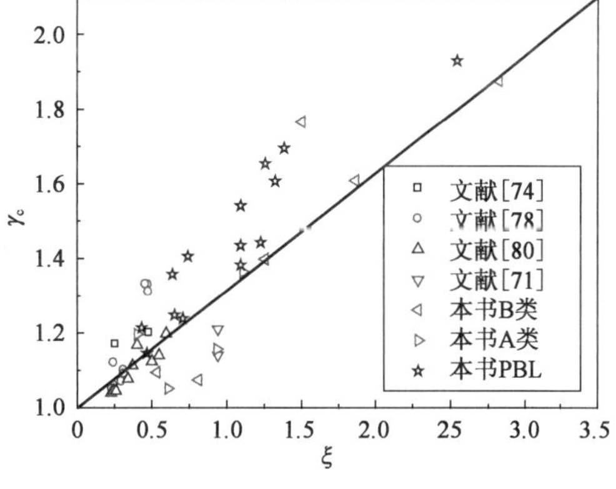

图2.41　ζ与γ_c的关系

由图2.40、图2.41可以看出,一方面,随着含钢率、套箍系数的增大,钢板对混凝土约束效应显著增强,设PBL(加劲肋)钢管(箱)混凝土轴压短柱核心混凝土的强度提高系数γ_c呈递增趋势;另一方面,从图2.40、图2.41中可以看出,高含钢率的PBL(加劲肋)钢管(箱)柱填充混凝土仍然可以提高承载力,能够有效降低钢板厚度,减小用钢量。此外,C类试件的混凝土提高系数较为离散,这可能与混凝土浇筑质量有关,但大部分试件的核心混凝土提高系数明显高于B类试件。

为了进一步比较PBL承载力折减系数γ_s与混凝土提高系数γ_c之间的关系,将本次试验的试验数据进行整理,对于A类试件假定$\gamma_s = 0$,而对于B类试件假定$\gamma_s = 1$。

由图2.42及表2.1可以看出,对于含钢率和套箍系数最小的30-3组试件(含钢率为

4.2% ~5.6%，套箍系数为0.40 ~0.53）而言，扣除SCC-30-4试件，随着γ_s的增大，混凝土提高系数γ_c呈现出提高趋势。对于20-4组（含钢率8.7% ~10.1%，套箍系数0.94 ~1.09）和30-4组（含钢率5.7% ~7.5%，套箍系数0.61 ~0.81）试件而言，随着γ_s的增大，混凝土提高系数γ_c呈现先提高后下降的趋势，说明含钢率在5.7% ~10.1%区间，加劲肋开孔能够有效提高承载能力，开孔孔径应小于或等于$b_s/2$为宜。对于30-8组（含钢率为11.3% ~15.3%，套箍系数1.11 ~1.50），随着γ_s的增大，混凝土提高系数γ_c呈现下降的趋势，这是由于钢材所承担的荷载比例较大，开孔之后截面削弱相对严重，但这也是在开孔之后含钢率降低的前提之下。由图中还可以看出，30-4、30-8组试件，双加劲肋（PBL）布置的试件，虽然含钢率、γ_s与单加劲肋（PBL）一致，但混凝土提高系数γ_c高于单加劲肋（PBL）试件，这说明多加劲肋（PBL）设置对于改善方钢管混凝土的约束作用更为有利。

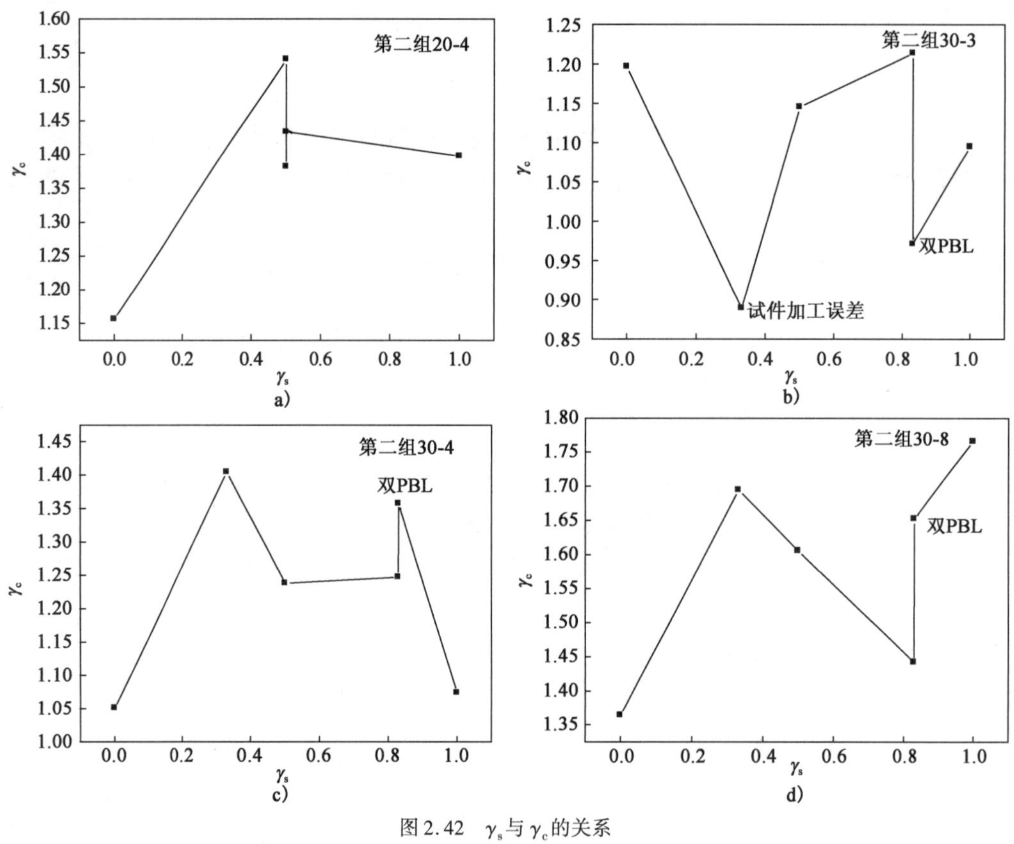

图2.42　γ_s与γ_c的关系

2.3.6　*B/t*与*k*的关系

将本书试验数据与文献[71,74,78,80]中的试验数据进行统计，分别计算了承载力提高系数k与试件宽厚比B/t的关系，绘图于图2.43中。

$$k = \frac{N_u}{N_0} \tag{2.4}$$

$$N_0 = A_s f_y + \gamma_s A'_s f'_y + A_c f_c \tag{2.5}$$

式中，N_u为试验实测承载力；k 为承载力提高系数；f_y 为钢材屈服强度；A_s为钢管（箱）截面面积；A_s'为加劲肋的面积；f_y'为钢材屈服强度；γ_s为加劲肋承载力折减系数；$\gamma_s = 1 - d/b_s$，d 为圆孔直径，b_s为加劲肋肋高；$f_c = 0.76f_{cu}$[110]；A_c为内填混凝土的面积。

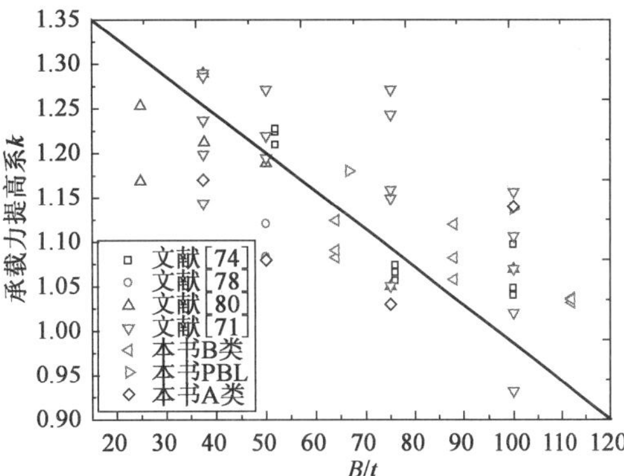

图 2.43　承载力提高系数 k 与试件宽厚比 B/t 的关系

由图 2.43 可以看出，一方面，设加劲肋（PBL）钢管（箱）混凝土轴压短柱承载力提高系数 k 随着试件宽厚比的增大呈递减趋势，说明钢板与加劲肋（PBL）对混凝土约束效应减弱；另一方面，从图 2.40 中可以看出，设加劲肋（PBL）钢管（箱）混凝土轴压短柱承载力提高系数 k 在 1.0 ~ 1.3 之间，说明此种类型的钢管混凝土 PBL（加劲肋）可以参与全截面受力，有效提高承载能力。

2.4　本章小结

本章设计并进行了两批加劲肋（PBL）加劲型方钢管混凝土轴压短柱的试验，共包括 1 根空钢管试件、6 根设纵肋钢管混凝土试件、4 根方钢管混凝土试件、16 根加劲肋（PBL）加劲型方钢管混凝土试件，试件的参数是含钢率 $\alpha = 4.2\% \sim 26.9\%$，套箍系数 $\zeta = 0.4 \sim 2.82$。通过对比国内外相关试验，分析了试件的破坏模式、极限承载力、荷载—位移曲线、荷载—应变曲线等，可以得出以下几点结论：

（1）C 类试件的破坏形态与 A 类试件的破坏形态存在明显不同，钢管的屈曲形态与 B 类试件的破坏形态相似，发生的是钢管的双波屈曲破坏，加劲肋（PBL）可以有效加劲钢管管壁。

（2）通过切割钢管后查看混凝土的破坏情况可知：设置这种剪力键之后，混凝土与钢的共同作用明显增强，相对于 A 类试件和 B 类试件破坏时混凝土的裂缝分布更为均匀，相对于 A 类试件，这种新型组合柱具有更好的延性。

（3）对于宽厚比较大的 30-4 组和 30-3 组试件，横向变形系数 U 大致符合 $U_A \geq U_D > U_B > U_C$；而对于宽厚比较小的 20-4 组和 30-8 组试件，横向变形系数 U 大致符合 $U_A < U_C < U_B$。

（4）相对于 A 类试件，B、C 类试件都可以有效提高方钢管混凝土的承载力，随着含钢率的增大，γ_c呈提高趋势，且 C 类试件的 γ_c略高于 B 类试件；同等含钢率条件下，双加劲肋（PBL）试件的 γ_c高于单加劲肋（PBL）试件。

（5）随着方钢管管壁宽厚比的增大，轴压短柱承载力提高系数 k 呈下降趋势，反之说明随着方钢管管壁宽厚比的增大，应适当增强 PBL 或加劲肋的刚度。

第3章　PBL加劲型方钢管混凝土轴压短柱有限元分析

3.1　概述

研究一种新型组合结构通常有两种方法:一种是试验研究;一种是理论数值研究。在试验试件数量有限的情况下,后一种方法能够更进一步深入系统地研究构件的受力特性。第1、第2章已经通过试验研究了PBL加劲型钢管混凝土柱的轴压力学性能,本章将采用数值计算的方法进一步研究PBL加劲型钢管混凝土轴压短柱的工作特性。计算轴压构件的数值方法主要有有限单元法和合成法。有限元方法具有通用性较强、计算较为精确等优点,是数值模拟试验比较经济和有效的方法之一[8,111]。为此本书采用大型通用有限元分析软件ANSYS模拟了PBL加劲型钢管混凝土轴压时的工作性能,并进一步分析了其受力机理和影响其承载力的主要因素。

美国ANSYS公司的计算机辅助工程分析软件ANSYS在全球拥有巨大的用户群,深受广大用户喜爱。ANSYS软件是复杂的大型通用有限元软件,功能十分强大,能够进行结构、电磁、声学、热、流体、爆炸等学科的研究。就土木工程而言,ANSYS已经在钢结构、钢筋混凝土结构及钢—混凝土组合结构研究中得到广泛应用,例如:房屋建筑、体育场馆、桥梁、大坝、隧道及地下建筑物等复杂工程的结构分析中[112-117],早已成为土木工程领域CAE仿真分析的主流软件。ANSYS可以对在各种外荷载条件下复杂结构的受力、变形、稳定性及各种动力特性做出全面分析,为工程设计、科学研究提供功能强大且十分方便易用的分析手段。

3.2　材料本构关系

要进行结构理论研究和工程设计,弄清楚材料的本构关系是前提。材料的本构关系是材料本身的物理关系,反映的是在受力过程中材料受力和变形之间的关系,反映了其内部微观的受力机理[69]。钢管混凝土是由钢管、混凝土两种材料组成的,通过两者之间的相互作用,使得钢管混凝土这种结构在受力过程中具有优越的力学性能。现实中,材料的力学性能差别很大,要想使得理论分析更具有普遍性,需要对材料的本构关系进行理想化处理,即采取一些假设条件,将材料的应力—应变关系用某种解析函数的形式表达出来,所假设的应力—应变关系既要与实际的材料应力—应变关系相接近,又要便于理论分析。为了进行PBL加劲型方钢管混凝土构件的理论分析,应首先明确钢材和核心混凝土各自的本构关系。

3.2.1　钢材本构关系

众所周知,钢材的物理力学性能是比较稳定的[105]。钢管混凝土构件目前常采用的是Q235钢、Q345钢和Q390钢,这些钢种均属于低碳软钢。为了确定上述钢材的本构关系模型,文献[3,118]进行了大量拉伸试验,最后提出钢材的应力强度(σ_i)—应变强度(ε_i)关系曲线,它和单向拉伸时的应力—应变关系类似。

钢材本构关系模型目前分析中常采用的主要有理想弹塑性模型、硬化弹塑性模型、理想弹塑性加硬化模型。为了简化模型,不考虑钢材的弹塑性阶段,即该阶段应力达到屈服强度f_y,钢材的应力—应变(σ-ε)关系模型采用理想弹塑性加强化模型,简化为如图3.1所示的曲线,此曲线包括4个阶段。①弹性段(oa段):是一条直线,直线的斜率为弹性模量E,f_y为屈服点;②屈服平台(ab段):是一条水平直线,从屈服应变ε_1的a点一直延续到屈服应变ε_2的b点,且$\varepsilon_2=10\varepsilon_1$;③强化段($bc$段):采用一条直线来等效简化,$f_u$为抗拉强度,对应的应变为$\varepsilon_3$,且$\varepsilon_3=100\varepsilon_1$,$f_u=1.6f_y$;④二次塑性流动段($cd$段):同样也是一条水平直线[3]。

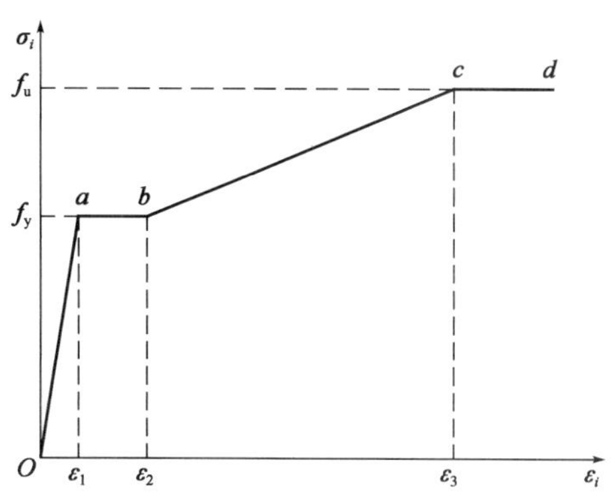

图3.1 钢材的应力(σ_i)—应变(ε_i)关系示意图

ANSYS中关于钢材的本构关系的模拟有多种模型可以供选择,大致可以归结为五类,如表3.1所示。不同模型的屈服准则、硬化原则、应力—应变曲线有所差别,本书有限元分析所用的钢材,包括钢管的壁板和PBL均采用多线性随动硬化准则,其屈服准则、硬化准则和应力—应变形式如表3.1所示。

ANSYS中钢材常用弹塑性材料模型 表3.1

材料类型	屈服准则	硬化准则	流动准则	应力—应变形式
双线性随动强化模型 BKIN	Mises	随动硬化	关联流动	双线性
多线性随动强化模型 MKIN	Mises	随动硬化	关联流动	多线性
双线性等向强化模型 BISO	Mises	等向硬化	关联流动	双线性
多线性等向强化模型 MISO	Mises	等向硬化	关联流动	多线性
非线性等向强化模型 NLISO	Mises	等向硬化	关联流动	非线性

本书有限元分析中的钢材采用广泛通用的屈服准则——Von Mises屈服准则。在多轴应力状态下,屈服准则可用下式表示:

$$\sigma_e = f(\{\sigma\}) = \sigma_y \tag{3.1}$$

式中,σ_e为等效应力;σ_y为屈服应力。Von Mises屈服准则的等效应力为:

$$\sigma_e = \sqrt{\frac{1}{2}[(\sigma_1-\sigma_2)^2+(\sigma_2-\sigma_3)^2+(\sigma_1-\sigma_3)^2]} \tag{3.2}$$

式中,σ_1,σ_2,σ_3为三个方向的主应力。

二维平面内,Mises屈服面是一个椭圆;在三维空间中,Mises屈服面则是以$\sigma_1=\sigma_2=\sigma_3$为轴的一个圆柱面。一般情况下,在屈服面外部的所有应力状态都能够引起构件的屈服,而屈服面内部的所有应力状态均处于弹性范围内。主应力的Mises屈服准则,如图3.2所示。硬化准则描述了初始屈服准则是如何随着塑性应变增长而变化的。ANSYS程序中提供了等向硬化和随动硬化两种硬化模型,如图3.3、图3.4所示。

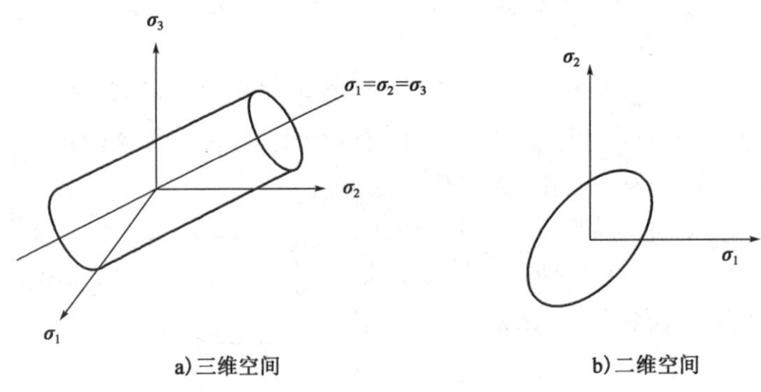

a)三维空间　　b)二维空间

图 3.2　主应力的 Mises 屈服面

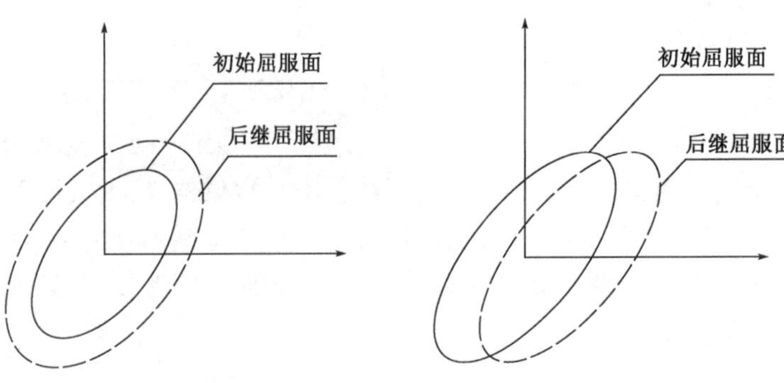

图 3.3　等向硬化的屈服面变化　　图 3.4　随动硬化的屈服面变化

等向硬化是指材料在一个方向上的屈服强度提高(硬化),那么在其他方向上的屈服强度也同时提高。对 Mises 屈服准则来说,就是屈服面在任何方向上都是均匀扩张的,图 3.3 描述了等向硬化屈服面的变化发展轨迹。随动硬化是指屈服面的大小和形状保持不变,仅仅是在屈服方向上移动。当某个方向的屈服应力提高时,其他方向的屈服应力相应下降。如拉伸的屈服强度提高多少,反向的压缩屈服强度就减少多少,这导致了初始各向同性材料在屈服后将不再各向同性,图 3.4 描述了随动硬化的屈服面变化发展轨迹。

3.2.2　混凝土本构关系

混凝土是土木工程领域中应用最广泛的材料,而材料本身是一种复合材料,其特点是组成不均匀,且存在微裂缝。其工作机理是:微裂缝发展构成较大的宏观裂缝,然后宏观裂缝又继续发展最终导致混凝土破坏。混凝土的这种工作机理决定了其工作性能的复杂性。钢管混凝土中的钢管与混凝土存在着相互作用,其核心混凝土受到钢管的外包约束,属于三向应力混凝土,核心混凝土处于三向应力状态使得其工作性能进一步复杂化。

目前,国内外关于混凝土本构关系的模型有很多,不同的学者提出了不同的混凝土本构关系模型,大致可以划分为以下四类:①基于曲线适度法,数学函数或插值得到的本构关系模型;②以弹性力学为基础得到的混凝土本构关系模型;③以塑性力学为基础得到的混凝土本构关系模型;④以塑性断裂理论、内时理论和连续损伤理论等得出的混凝土本构关系模型。上述四种本构关系模型都有其各自的特点,韩林海教授针对方钢管混凝土的特点,提出了考虑约束效应的核心混凝土本构关系[2]。

本书在文献[2]的基础上,经过大量试算和试验验证,将文献[2]的本构关系进行修正,引入 PBL 承载力折减系数 γ_s,提出了适用于 PBL 加劲型方钢管混凝土的核心混凝土本构关系模型,其应力—应变曲线如图 3.5 所示。

混凝土应力—应变关系模型的数学表达式如下:

$$y = 2x - x^2 \qquad (x \leq 1) \tag{3.3}$$

$$y = \frac{x}{\beta(x-1)^{\eta} + x} \qquad (x > 1) \tag{3.4}$$

$$\xi = \frac{A_s f_y + \gamma_s A'_s f_y}{A_c f_{cu}} \tag{3.5}$$

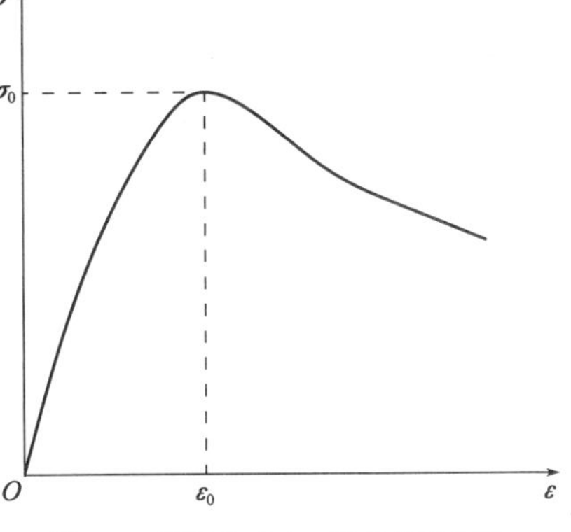

图 3.5 混凝土应力—应变关系曲线

式中,$x = \dfrac{\varepsilon}{\varepsilon_0}$;$y = \dfrac{\sigma}{\sigma_0}$;$\sigma_0 = \left[0.89 + (-0.012\xi^2 + 0.09\xi)\left(\dfrac{27}{f_{cu}}\right)^{0.45}\right] \cdot f_{cu}$;$\varepsilon_0 = \varepsilon_{cc} + [570 + 28f_{cu}] \cdot \xi^{0.2}$;$\varepsilon_{cc} = 1300 + 11.1f_{cu}$;$\beta = \begin{cases} \dfrac{f_{cu}^{0.1}}{1.37\sqrt{1+\xi}} & (\xi \leq 3) \\ \dfrac{f_{cu}^{0.1}}{1.37\sqrt{1+\xi \cdot (\xi-2)^2}} & (\xi > 3) \end{cases}$;$\eta = 1.6 + \dfrac{1.5}{x}$;$f_{cu}$ 为混凝土立方体抗压强度。

目前国内外学者提出的混凝土破坏准则不少于数十个,根据所需要的参数类型,大致可以分为五种,如表 3.2 所示。

破坏准则类型 表 3.2

参数类型	破坏准则
单参数	Rankine 准则、Tresca 和 Von-Mises 准则
双参数	Mohr-Coulomb 准则、Drucker-Prager 准则
三参数	Bresler-Pister 准则、William-Warnke 准则
四参数	Ottosen 准则、Reimenn 准则、Hsich-Ting-Chen 准则
五参数	William-Warnker 准则、Podgorski 准则、清华大学准则

其中五参数破坏准则(Willam-Warnker 准则)建议的包络面能够满足破坏包络面的几何要求,在包括拉伸应力的实际应用范围中的二轴和三轴拉、压状态都有准确计算强度,对于所有应力组合得到的结果与试验资料能很好吻合[7],特别是在低静水压力区与试验结果相当吻合。在方钢管混凝土柱中,混凝土处于复杂的三向应力状态,钢管管壁对混凝土的约束

作用不大，较适合采用五参数破坏准则（Willam-Warnker 准则）。

表 3.2 中的五参数破坏准则（Willam-Warnker 准则）不仅能克服一、二、三参数准则的缺点，又能较好地反映出混凝土的破坏特征。有限元软件 ANSYS 中混凝土材料的破坏准则默认为五参数准则（Willam-Warnker 准则），其破坏面如图 3.6、图 3.7 所示。

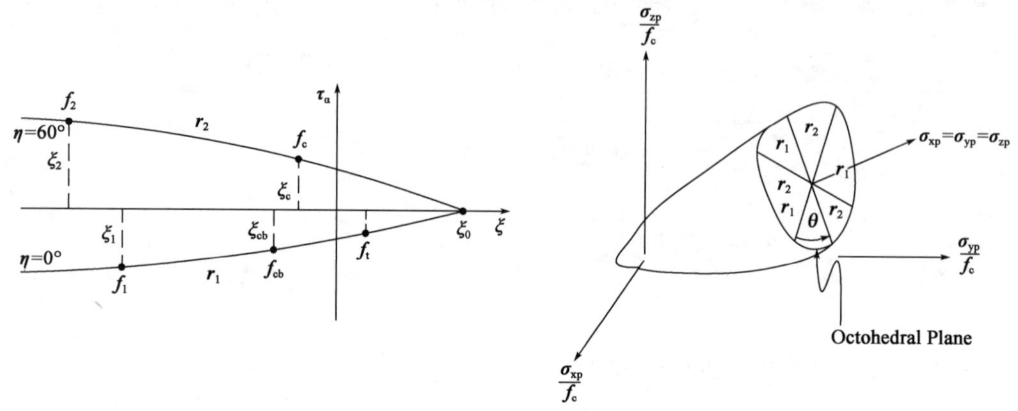

图 3.6　混凝土破坏面剖面

图 3.7　混凝土 3-D 单元主应力空间破坏面

多轴应力状态下混凝土的五参数破坏准则（William-Warnker 准则）的数学表达式为：

$$\frac{F}{f_c} - S \geqslant 0 \tag{3.6}$$

式中，F 是一个与主应力有关的函数，即 $F = F(\sigma_1, \sigma_2, \sigma_3)$；$S$ 是用五参数来表示的破坏曲面函数，即 $S = S(f_t, f_c, f_{cb}, f_1, f_2)$，其中 f_t 为混凝土单轴极限抗拉强度，f_c 为混凝土单轴极限抗压强度，f_{cb}为双轴极限抗压强度，f_1 为静水压力状态下的双轴抗压强度，f_2 为静水压力状态下的单轴抗压强度；f_t 和 f_c 可以由试验确定，如果在 ANSYS 中给 f_c 赋值为负数，则相当于受压破坏面不起作用，只考虑受拉软化效应。另外 3 个参数根据破坏准则的相关规定默认设置为：

$$f_{cb} = 1.2f_c \tag{3.7}$$

$$|\sigma_h^a| = \sqrt{3}f_c \tag{3.8}$$

$$f_1 = 1.45f_c \tag{3.9}$$

$$f_2 = 1.725f_c \tag{3.10}$$

式（3.7）、式（3.8）应满足下面的条件：

$$\sigma_h = \frac{1}{3}(\sigma_1 + \sigma_2 + \sigma_3) < \sqrt{3}f_c \tag{3.11}$$

当式（3.6）成立时，则认为混凝土开裂或者压碎；当式（3.6）不成立时，则认为混凝土不伴随产生新的裂缝。

函数 F 和 S 随混凝土主应力状态的不同而有不同的取值方法：

(1)当主应力为压—压—压区域时，即 $0 \geqslant \sigma_1 \geqslant \sigma_2 \geqslant \sigma_3$：

$$F = F_1 = \frac{1}{\sqrt{15}}[(\sigma_1 - \sigma_2)^2 + (\sigma_2 - \sigma_3)^2 + (\sigma_1 - \sigma_3)^2]^{\frac{1}{2}} \tag{3.12}$$

$$S = S_1 = \frac{2r_2(r_2^2 - r_1^2)\cos\theta + r_2(2r_1 - r_2)[4(r_2^2 - r_1^2)\cos^2\theta + 5r_1^2 - 4r_1r_2]^{\frac{1}{2}}}{4(r_2^2 - r_1^2)\cos^2\theta + (r_2 - 2r_1)^2} \tag{3.13}$$

$$S = S_1 = \frac{2r_2(r_2^2 - r_1^2)\cos\theta + r_2(2r_1 - r_2)[4(r_2^2 - r_1^2)\cos^2\theta + 5r_1^2 - 4r_1r_2]^{\frac{1}{2}}}{4(r_2^2 - r_1^2)\cos^2\theta + (r_2 - 2r_1)^2} \tag{3.14}$$

式中：

$$\cos\theta = \frac{2\sigma_1 - \sigma_2 - \sigma_3}{\sqrt{2}[(\sigma_1 - \sigma_2)^2 + (\sigma_2 - \sigma_3)^2 + (\sigma_1 - \sigma_3)^2]^{\frac{1}{2}}} \tag{3.15}$$

$$r_1 = \alpha_0 + \alpha_1\xi + \alpha_2\xi^2 \tag{3.16}$$

$$r_2 = b_0 + b_1\xi + b_2\xi^2 \tag{3.17}$$

$$\xi = \frac{\sigma_{\mathrm{h}}}{f_{\mathrm{c}}} \tag{3.18}$$

其中，系数 α_0、α_1、α_2 由如下方程确定：

$$\left\{\begin{array}{l} \frac{F_1}{f_{\mathrm{c}}}(\sigma_1 = f_{\mathrm{t}}, \sigma_2 = \sigma_3 = 0) \\ \frac{F_1}{f_{\mathrm{c}}}(\sigma_1 = 0, \sigma_2 = \sigma_3 = -f_{\mathrm{cb}}) \\ \frac{F_1}{f_{\mathrm{c}}}(\sigma_1 = -\sigma_{\mathrm{h}}^a, \sigma_2 = \sigma_3 = -\sigma_{\mathrm{h}}^a - f_1) \end{array}\right\} = \begin{bmatrix} 1 & \xi_{\mathrm{t}} & \xi_{\mathrm{t}}^2 \\ 1 & \xi_{\mathrm{cb}} & \xi_{\mathrm{cb}}^2 \\ 1 & \xi_1 & \xi_1^2 \end{bmatrix} \left\{\begin{array}{l} \alpha_0 \\ \alpha_1 \\ \alpha_2 \end{array}\right\} \tag{3.19}$$

式中：

$$\xi_{\mathrm{t}} = \frac{f_{\mathrm{t}}}{3f_{\mathrm{c}}}, \xi_{\mathrm{cb}} = -\frac{2f_{\mathrm{cb}}}{3f_{\mathrm{c}}}, F = S_4 = \frac{f_{\mathrm{t}}}{f_{\mathrm{c}}} \quad \xi_1 = -\frac{\sigma_{\mathrm{h}}^a}{f_{\mathrm{c}}} - \frac{2f_1}{3f_{\mathrm{c}}} \tag{3.20}$$

系数 b_0、b_1、b_2 由如下方程确定：

$$\left\{\begin{array}{c} \frac{F_1}{f_{\mathrm{c}}}(\sigma_1 = \sigma_2 = 0, \sigma_3 = f_{\mathrm{c}}) \\ \frac{F_1}{f_{\mathrm{c}}}(\sigma_1 = \sigma_2 = -\sigma_{\mathrm{h}}^a, \sigma_3 = -\sigma_{\mathrm{h}}^a - f_2) \\ 0 \end{array}\right\} = \begin{bmatrix} 1 & -\frac{1}{3} & \frac{1}{9} \\ 1 & \xi_2 & \xi_2^2 \\ 1 & \xi_0 & \xi_0^2 \end{bmatrix} \left\{\begin{array}{l} b_0 \\ b_1 \\ b_2 \end{array}\right\} \tag{3.21}$$

式中：

$$\xi_2 = -\frac{\sigma_h^a}{f_c} - \frac{f_2}{3f_c} \tag{3.22}$$

ξ_0 为方程 $\alpha_0+\alpha_1\xi+\alpha_2\xi_0^2=0$ 的正根。

此时若破坏准则成立,则混凝土被压碎。

(2)当主应力为拉—压—压区域时,即 $\sigma_1 \geqslant 0 \geqslant \sigma_2 \geqslant \sigma_3$：

$$F = F_2 = \frac{1}{\sqrt{15}}[(\sigma_2)^2 + (\sigma_2 - \sigma_3)^2 - (\sigma_3)^2]^{\frac{1}{2}} \tag{3.23}$$

$$S = S_2 = \left(1 - \frac{\sigma_1}{f_t}\right)\frac{2r_2(r_2^2 - r_1^2)\cos\theta + r_2(2r_1 - r_2)\ [4(r_2^2 - r_1^2)\cos^2\theta + 5r_1^2 - 4r_1r_2]^{\frac{1}{2}}}{4(r_2^2 - r_1^2)\cos^2\theta + (r_2 - 2r_1)^2} \tag{3.24}$$

式中：

$$r_1 = \alpha_0 + \alpha_1\xi + \alpha_2\xi^2 \tag{3.25}$$

$$r_2 = b_0 + b_1\xi + b_2\xi^2 \tag{3.26}$$

$$\xi = \frac{1}{3}(\sigma_2 + \sigma_3) \tag{3.27}$$

其余符号意义同前。此时若破坏准则成立,则与 σ_1 垂直的平面混凝土开裂。

(3)当主应力为拉—拉—压区域时,即 $\sigma_1 \geqslant \sigma_2 \geqslant 0 \geqslant \sigma_3$：

$$F = F_3 = \sigma_i \quad (i = 1,2) \tag{3.28}$$

$$S = S_3 = \frac{f_t}{f_c}\left[1 + \frac{\sigma_i}{S_2(\sigma_i,0,\sigma_3)}\right] \quad (i = 1,2) \tag{3.29}$$

此时若破坏准则成立,则与 σ_i 垂直的平面混凝土开裂。

(4)当 $\sigma_1 \geqslant \sigma_2 \geqslant \sigma_3 \geqslant 0$,即主应力为拉—拉—拉时：

$$F = F_4 = \sigma_i \quad (i = 1,2,3) \tag{3.30}$$

$$F = S_4 = \frac{f_t}{f_c} \tag{3.31}$$

此时若破坏准则成立,则与 σ_i 垂直的平面混凝土开裂。

需要说明的是,在拉—压—压与拉—拉—压时,当拉应力很小而压应力很大时,$\left(\left|\frac{\sigma_1}{\sigma_3}\right| \geqslant 0.05\right)$,实际上混凝土还是会出现压碎破坏。但是 ANSYS 软件中为了降低非线性分析的难度,还是将压碎破坏收敛按照开裂破坏进行处理。

3.3　单元类型

3.3.1　钢管单元

钢管和 PBL 的模拟选择 ANSYS 中的 3D8 节点结构实体单元——SOLID45 单元。SOLID45 单元共有 8 个节点，每个节点有 3 个自由度，即沿节点坐标系 x、y 和 z 方向的平动位移，单元模型如图 3.8 所示。该单元可退化为五面体的棱柱体单元或四面体单元，该单元具备模拟塑性、应力强化、膨胀、蠕变、大应变和大变形的能力，可以在单元局部坐标系中定义正交各向异性材料[119-120]。

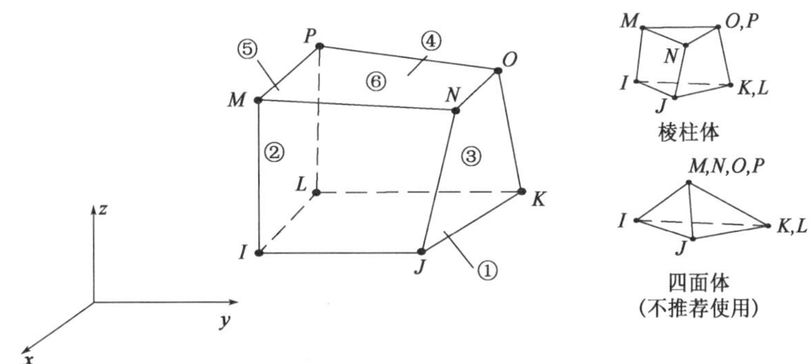

图 3.8　SOLID45 几何描述

3.3.2　混凝土单元

混凝土的模拟选择 ANSYS 中的 3D 加筋混凝土实体单元——SOLID65 单元。SOLID65 单元共有 8 个节点，每个节点有 3 个平动自由度，即沿节点坐标系 x、y 和 z 方向的平动位移，该单元与 SOLID45 单元相似，只是增加了混凝土的开裂与压碎性能，具备模拟混凝土受拉开裂（拉裂）和受压破碎（压碎）的性能。

该单元最重要的是对材料非线性的处理，可模拟混凝土的开裂（三个正交方向）、混凝土的压碎、混凝土的塑性变形及徐变等，是 ANSYS 公司专门为混凝土、岩石等抗压强度远大于抗拉强度的非均匀材料而开发的，相比 SOLID45 单元增加了混凝土的破坏准则，即五参数破坏准则（Willam-Warnker 准则）检查混凝土单元的开裂和压碎。SOLID65 单元的几何描述如图 3.9 所示。

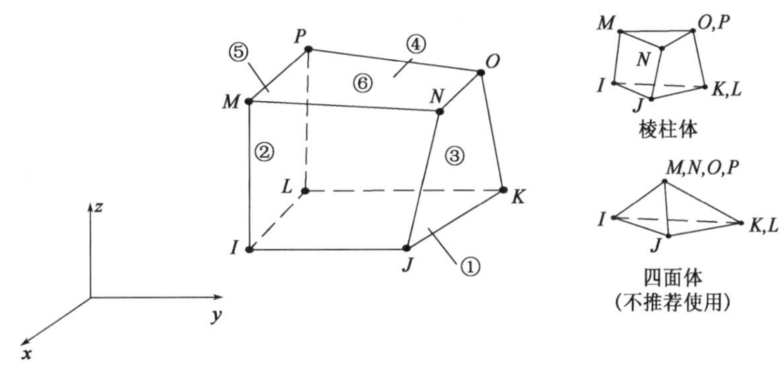

图 3.9　SOLID65 单元的几何描述

在 ANSYS 中,SOLID65 单元需要设置裂缝张开剪力传递系数、裂缝闭合剪力传递系数、单轴抗拉强度、单轴抗压强度、双轴抗压强度、围压大小、围压下双轴抗压强度、围压下单轴抗拉强度和拉应力折减系数等参数,对混凝土进行定义[120]。

根据试算结果,本书将裂缝张开剪力传递系数取为 0.4,裂缝闭合剪力传递系数取为 0.9,拉应力折减系数取为 0.9。对于单轴抗压强度,本书取 -1,即关闭混凝土的压碎功能,主要原因在于 ANSYS 计算中如果关闭压碎,计算结果将易于收敛,相反如果考虑混凝土的压碎破坏,会造成有限元模型的收敛非常困难,有限元计算结果表明是否"关闭"混凝土的压碎对其极限承载力的影响较小,且有限元计算结果与试验结果均较为吻合,故为了加快收敛,准确分析试件的极限荷载及力学特性,关闭了 ANSYS 中混凝土的压碎功能。

3.4 有限元模型的建立

3.4.1 钢与混凝土之间的黏结

钢材与混凝土之间的黏结问题历来是研究钢—混凝土组合结构时一个值得关心又复杂的问题,目前通常的做法有两种:一种是采用接触单元或弹簧单元来模拟两者之间的相互作用;另一种是假定钢与混凝土之间完全黏结,钢与混凝土之间不会产生滑移现象,共用节点[121]。由于钢与混凝土之间的黏结滑移效应很难量化,且本有限元分析所关注的是试件在屈服之前钢管与混凝土的共同受力状况,至于后期试件破坏时钢管与混凝土压碎分离并不是本书关注的,所以本书假设钢材与混凝土之间完全黏结,即节点具有相同的位移。目前大多数研究者在分析钢管混凝土结构时都采用了这一假设,同时有关试验与理论研究结果表明:钢管与混凝土之间的界面黏结力对结构整体性能的影响很小[59,121-127]。在有限元分析计算时考虑材料非线性和几何非线性,不考虑混凝土的收缩及破坏时钢管的局部屈曲对钢管混凝土结构的影响,求解采用基于弧长控制的牛顿—拉弗森方法。此外,在上下柱端分别设定一个刚性面,用来模拟柱端的钢盖板。有限元分析模型如图 3.10 所示。

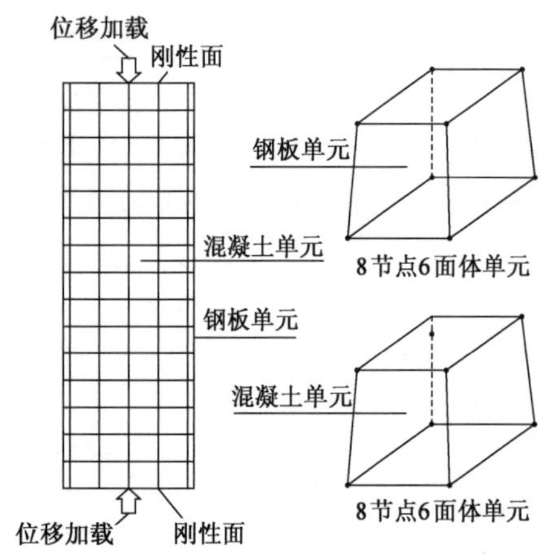

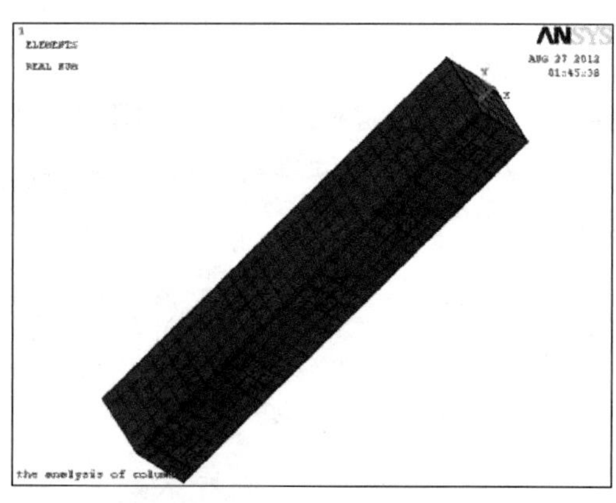

图 3.10　有限元分析模型图

3.4.2 材料特性

钢材等效应力—应变关系如图 3.1 所示,钢材屈服强度及极限抗拉强度采用第 2 章表

2.2,泊松比为 0.28。混凝土材料强度采用第 2 章实测混凝土立方体抗压强度 f_{cu},轴心抗压强度 $f_c = 0.76f_{cu}$,抗拉强度 $f_t = 0.26f_{cu}^{2/3}$[7],ANSYS 中混凝土弹性模量的输入是采用其本构曲线的初始切线模量,程序自动计算,混凝土泊松比取 0.2。

3.4.3　边界条件及加载

在建立有限元模型时为了节省时间,提高计算效率,充分考虑了试件的对称性,建模分析时只建立 1/4 模型,在模型的对称面施加面对称约束。将试验时用到的上、下两端加载板在有限元模型中一并建立,以减小试件的端部效应,保证加载的均匀性。根据试验过程中轴压短柱的实际边界条件,在有限元仿真模拟时将下端加载板的节点全部施加位移约束,上端加载板作为加载自由端,计算分析时采用位移加载,慢速施加顶端面的轴压压缩变形直至试件完全破坏。

3.4.4　求解方法及收敛准则

ANSYS 在计算混凝土时收敛是比较困难的,主要影响因素包括子步数、网格密度、收敛准则与精度等。通过大量试算比较,可得如下结论:

(1)子步数。NSUBST 子步数的设置非常重要,设置太小或太大都不能达到正常的收敛。经过试算,设置的子步数在 1000 ~ 1500 之间。

(2)网格密度。网格密度也是单元尺寸大小的问题,SOLID65 单元本身是基于弥散裂缝模型和最大拉应力开裂判据,采取的单元尺寸如果太小,则容易造成单元的应力集中,从而造成混凝土的过早开裂,采取的单元尺寸如果太大,也是不可行的,究竟采取多大的单元尺寸是没有具体规律的,需要针对不同的问题慢慢试算而得。

(3)混凝土压碎的设置。考虑混凝土压碎收敛比较困难,不考虑混凝土压碎时,计算相对容易收敛,故在计算时关闭压碎选项。

(4)收敛精度。放宽收敛条件可以加速收敛,但实际上收敛精度的调整并不能完全解决收敛困难的问题,将收敛精度设置为 5% 。

3.5　有限元计算结果与试验结果的对比分析

3.5.1　短柱试验极限承载力对比

根据有限元计算方法,采用大型通用有限元程序 ANSYS 对本次试验的所有试件进行精细有限元模拟,表 3.3 中列出了本次试验的参数和极限承载力的试验值与有限元计算值的比较。

分析得到的极限承载力与试验结果的比较　　表 3.3

类型	试件编号	f_y (MPa)	f_c (MPa)	试验 (kN)	有限元 (kN)	有限元计算承载力/试验值
第一组试验	TJA	391	35	8200	7484	0.91
	TJB	367	35	9700	9630	0.99
	TJC	367	35	10200	9502	0.93
	KGD	367	—	6560	6072	0.93

续上表

类型	试件编号	f_y (MPa)	f_c (MPa)	试验 (kN)	有限元 (kN)	有限元计算承载力/试验值
第二组试验	SCA-20-1	464	43	3318	3538	1.07
	SCB-20-1	464	43	4096	3807	0.93
	SCC-20-1	464	43	4122	4036	0.98
	SCC-20-2	464	43	3874	4055	1.05
	SCC-20-3	464	43	3955	4509	1.14
	SCA-30-1	464	43	6100	6115	1.00
	SCB-30-1	464	43	6798	6707	0.99
	SCC-30-1	464	43	7793	7358	0.94
	SCC-30-2	464	43	7088	7231	1.02
	SCC-30-3	464	43	6954	7038	1.01
	SCD-30-1	464	43	7627	7561	0.99
	SCA-30-2	414	43	5958	5960	1.00
	SCB-30-2	414	43	5984	6583	1.10
	SCC-30-4	414	43	5089	6625	1.30
	SCC-30-5	414	43	5969	6439	1.08
	SCC-30-6	414	43	6111	6079	0.99
	SCD-30-2	414	43	5391	5398	1.00
	SCA-30-3	424	43	8619	8381	0.97
	SCB-30-3	424	43	10997	10854	0.99
	SCC-30-7	424	43	10096	9769	0.97
	SCC-30-8	424	43	9566	9360	0.98
	SCC-30-9	424	43	8777	9055	1.03
	SCD-30-3	424	43	9871	9776	0.99
均值						1.00
变异系数						0.05

从表 3.3 中可以看出,除试件 SCC-30-4 因混凝土浇筑质量问题,试验承载力明显低于计算承载力外,其余试件的有限元计算极限承载力与试验值吻合较好,有限元计算承载力/试验值(不考虑试件 SCC-30-4)均值为 1.0,变异系数为 0.5,说明本书提出的修正后的混凝土应力—应变关系能够正确模拟 PBL 加劲型方钢管混凝土轴压短柱的受力特性,需要说明的是 SCC-20-3 试件有限元计算结果要大于试验结果,这可能是试件加工制作等试验误差导致,故在本书第 5 章分析 PBL 加劲型方钢管混凝土轴压长柱稳定承载力时采用有限元计算值。

3.5.2　短柱试验荷载应变曲线对比

图 3.11 ~ 图 3.18 分别为第一组试件 TJC、TJB 和第二组试件 A 类试件 SCA-20-1、B 类试件 SCB-30-1 和 SCB-30-2、C 类试件 SCC-30-1 和 SCC-30-7、D 类试件 SCD-30-3 有限元模型计算得到的试件 1/2 截面壁板中部位置处荷载—应变曲线与试验荷载应变曲线对比图。图中分别比较了试件的轴向压应变和横向拉应变。

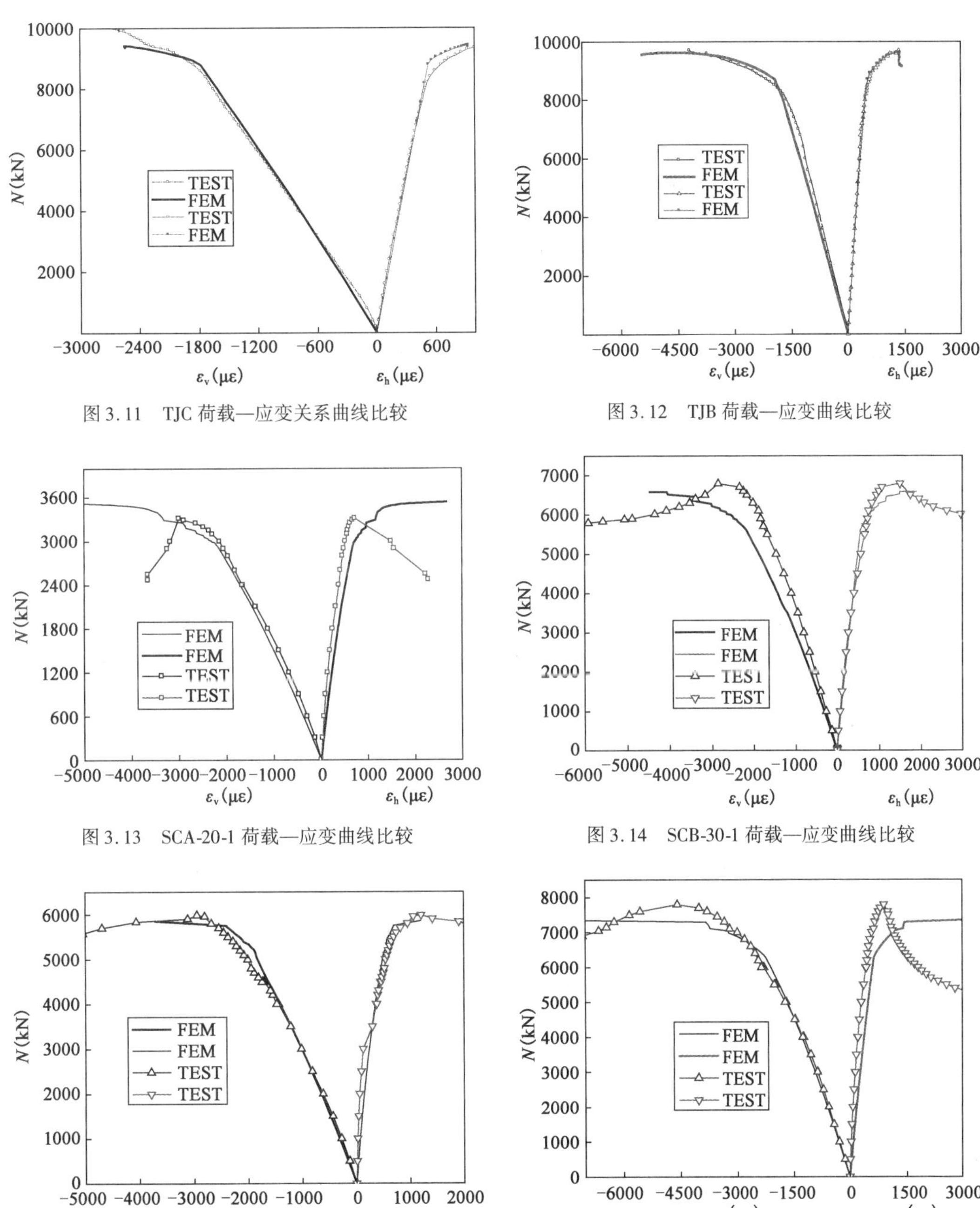

图 3.11　TJC 荷载—应变关系曲线比较

图 3.12　TJB 荷载—应变曲线比较

图 3.13　SCA-20-1 荷载—应变曲线比较

图 3.14　SCB-30-1 荷载—应变曲线比较

图 3.15　SCB-30-2 荷载—应变曲线比较

图 3.16　SCC-30-1 荷载—应变曲线比较

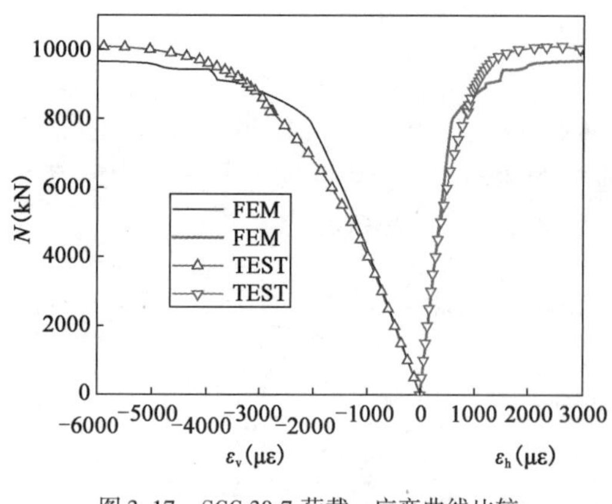

图 3.17　SCC-30-7 荷载—应变曲线比较

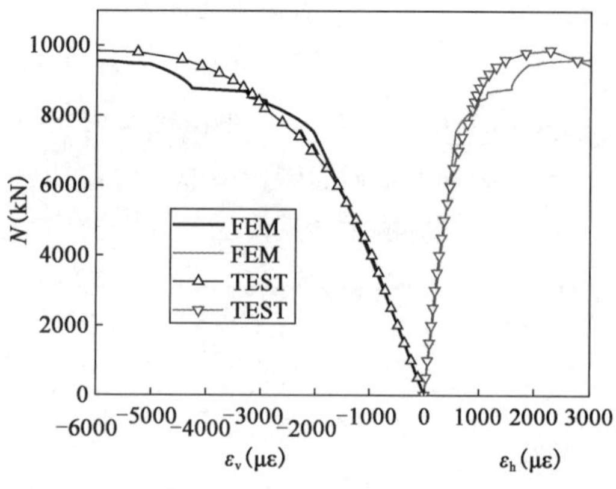

图 3.18　SCD-30-3 荷载—应变曲线比较

由图 3.11 ~ 图 3.18 中可以看出,有限元计算得到的荷载—应变曲线与试验得到的荷载—应变曲线吻合较好,计算极限承载力与试验承载力较为接近,这说明本书关于钢管与混凝土的黏结假设和边界条件等能够较为真实地反映试件的受力状态,本书所建立的 PBL 加劲型方钢管混凝土轴压短柱的有限元模型能够较为准确地模拟实际构件的受力状况。由图中还可以看出,有限元计算结果与试验结果也存在一定的误差,总结原因大致有以下几点:①有限元模拟的钢管、PBL 与混凝土均假定为理想弹塑性材料,这与实际情况是存在一定误差的,实际的材料特性并非如此;②有限元模型模拟的边界条件是理想化的,这与实际试验中的边界条件也存在一定的差异,有限元模型不可能完全模拟试验条件;③本次试验试件加工制作几何尺寸较小,而且试件为拼焊而成,因此初始缺陷对试件的影响较为敏感,而有限元模型没有模拟焊接残余应力、制作误差以及材料局部强化等缺陷的影响。

3.5.3　基于有限元模型的轴压短柱工作机理研究

下面以 30-4 组试件为例,比较普通方钢管混凝土轴压短柱、设加劲肋方钢管混凝土轴压短柱以及 PBL 加劲型方钢管混凝土轴压短柱的工作机理,分别给出空钢管、核心混凝土、PBL(加劲肋)以及孔内混凝土的纵向、横向应力分布情况。

图 3.19 ~ 图 3.22 分别给出了在极限荷载情况下,30-4 组试件中钢管、PBL、孔内混凝土及核心混凝土的应力分布情况。由图中可以看出:A 类试件与 B 类试件存在较为明显的端部效应,钢管的压应力从端部到中部呈现递减趋势,而对于 C 类和 D 类试件,钢管纵向应力受力相对均匀;A 类试件与 B 类试件核心混凝土压应力虽然也存在端部效应,但整体受力比较均匀,而对于 C 类和 D 类试件,由于 PBL 的存在,混凝土压应力分布明显不均,其中 PBL 位置附近处混凝土纵向压应力要高于其余位置,这说明 PBL 在将荷载传递给核心混凝土方面比 B 类试件更为有利。此外,从 PBL 孔内混凝土的横向应力分布可以看出,孔内混凝土的横向应力要大于其余位置处混凝土横向应力,这说明在受压过程中,钢管鼓曲时,PBL 及孔内混凝土能够有效限制钢管的横向鼓曲。总之,PBL 及孔内混凝土能够有效参与全截面受力,在极限荷载作用下,PBL 达到全截面屈服,孔内混凝土压应力高于核心混凝土。C 类试件和 D 类试件的 PBL 能够参与全截面受力,且更为有效地将外荷载传递给核心混凝土,这一点通过比较四类试件 1/2 截面处核心混凝土的应力也可以看出。

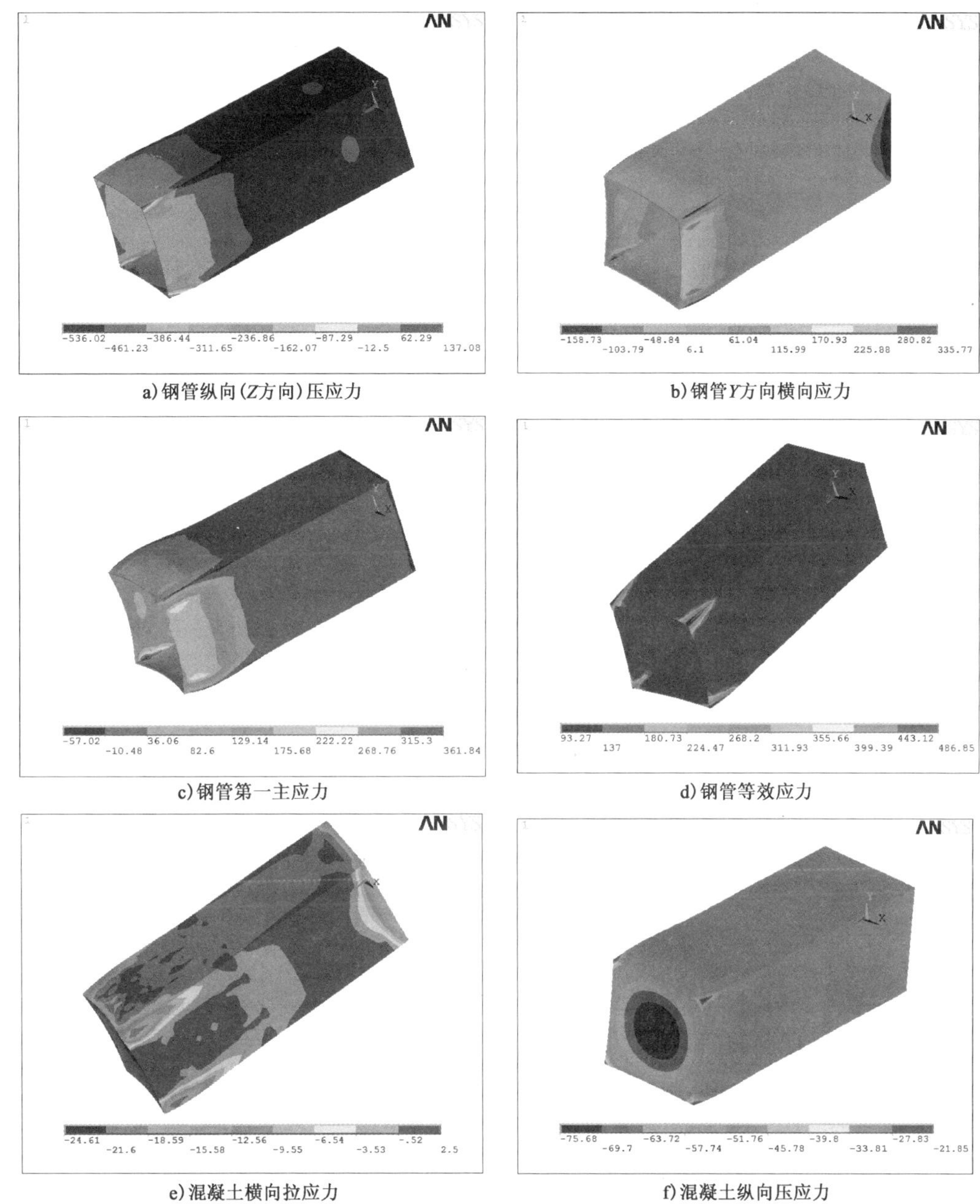

a)钢管纵向(Z方向)压应力　b)钢管Y方向横向应力

c)钢管第一主应力　d)钢管等效应力

e)混凝土横向拉应力　f)混凝土纵向压应力

图3.19　SCA-30-1试件应力分布(单位:MPa)

为了比较四类试件钢管及PBL对核心混凝土约束机理方面的不同,将四类试件1/2截面处在不同受力过程下混凝土的纵向压应力、等效应力绘图,如图3.23～图3.30所示。因有限元模型的建立采用1/4截面,故仅给出试件1/4截面的混凝土纵向压应力、等效应力分布。在查看1/2截面混凝土的纵向压应力和等效应力时,利用了ANSYS中的切平面命令。

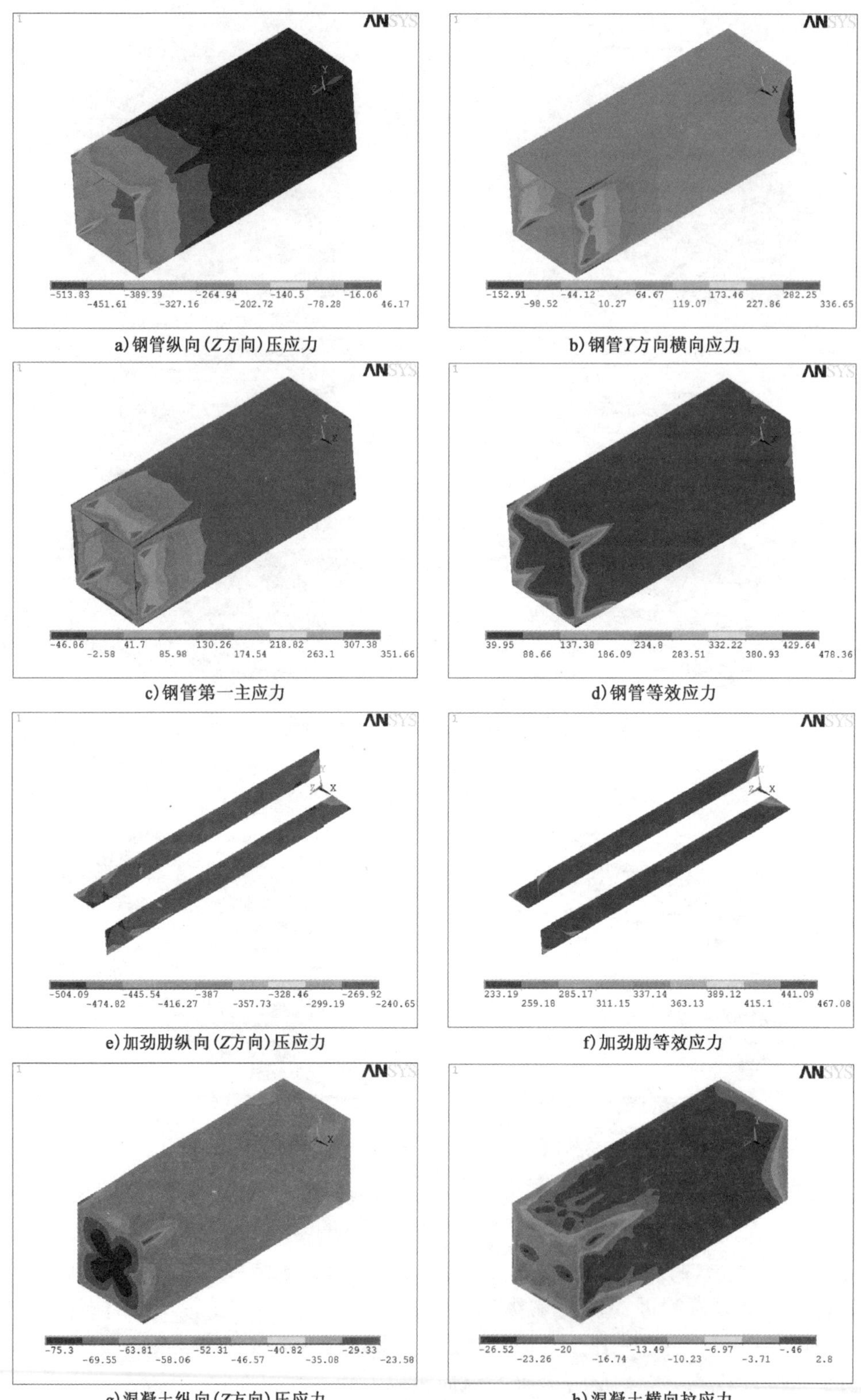

a)钢管纵向(Z方向)压应力　b)钢管Y方向横向应力

c)钢管第一主应力　d)钢管等效应力

e)加劲肋纵向(Z方向)压应力　f)加劲肋等效应力

g)混凝土纵向(Z方向)压应力　h)混凝土横向拉应力

图 3.20　SCB-30-1 试件应力分布(单位:MPa)

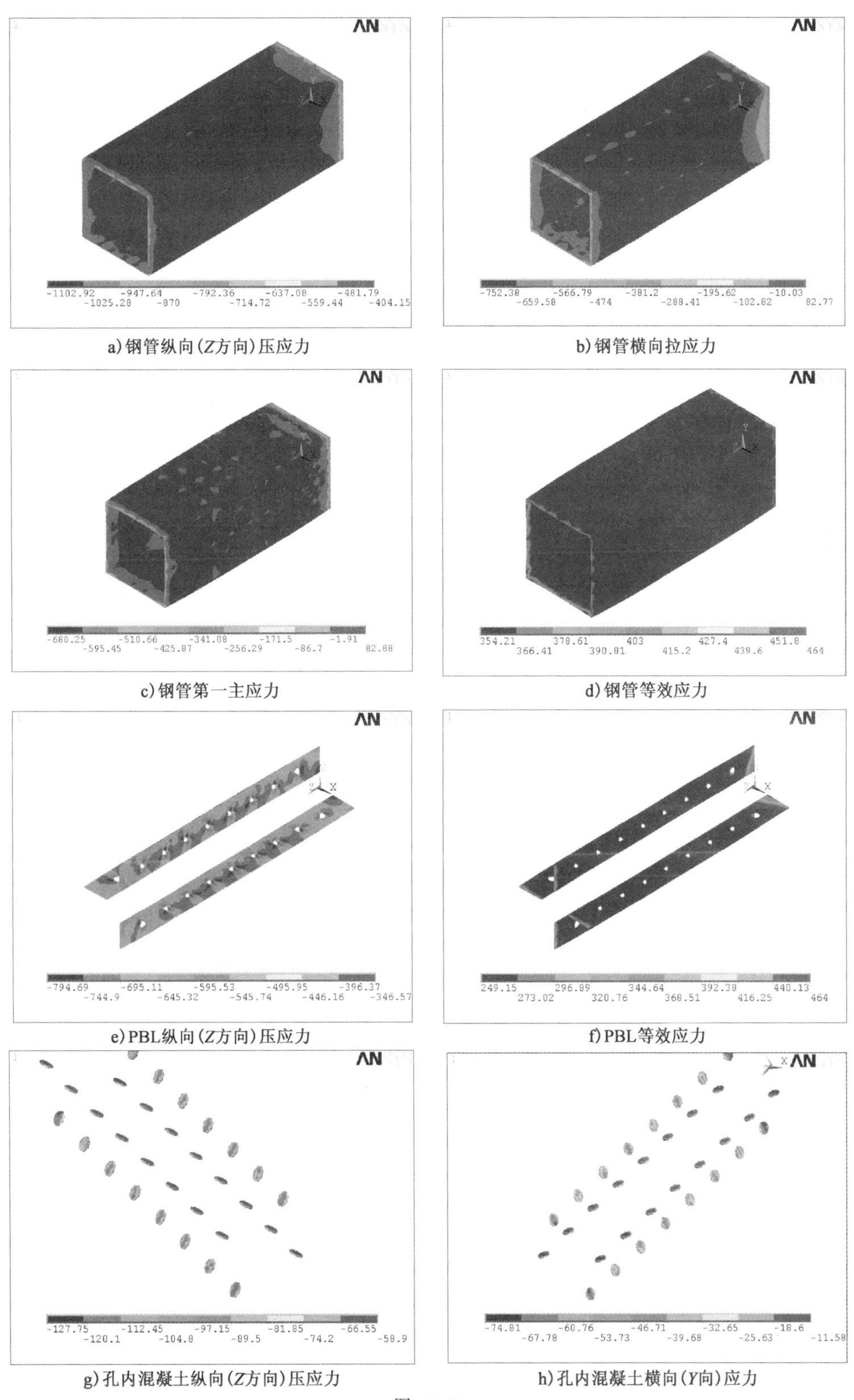

a)钢管纵向(Z方向)压应力　　b)钢管横向拉应力

c)钢管第一主应力　　d)钢管等效应力

e)PBL纵向(Z方向)压应力　　f)PBL等效应力

g)孔内混凝土纵向(Z方向)压应力　　h)孔内混凝土横向(Y向)应力

图　3.21

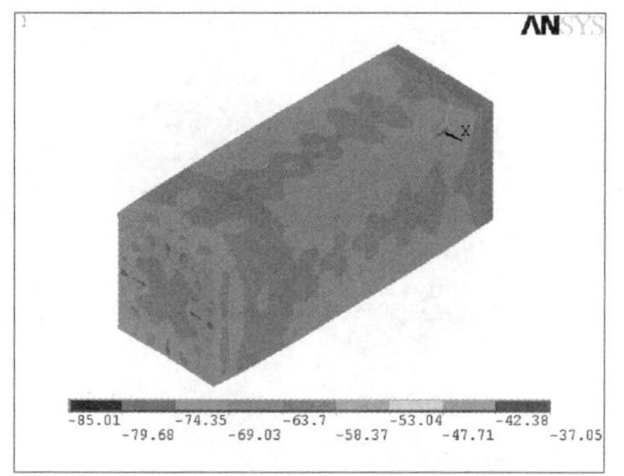

i)混凝土纵向(Z向)压应力

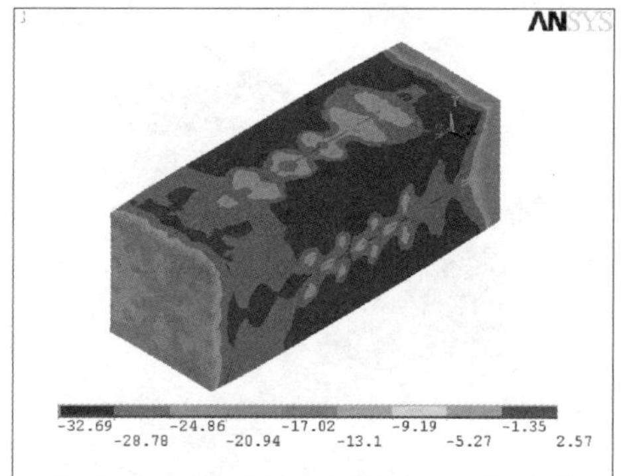

j)混凝土横向(Y向)拉应力

图 3.21　SCC-30-1 试件应力分布(单位:MPa)

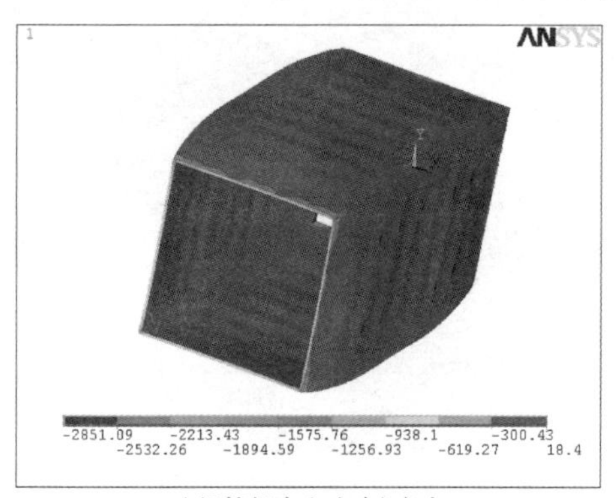

a)钢管纵向(Z方向)应力

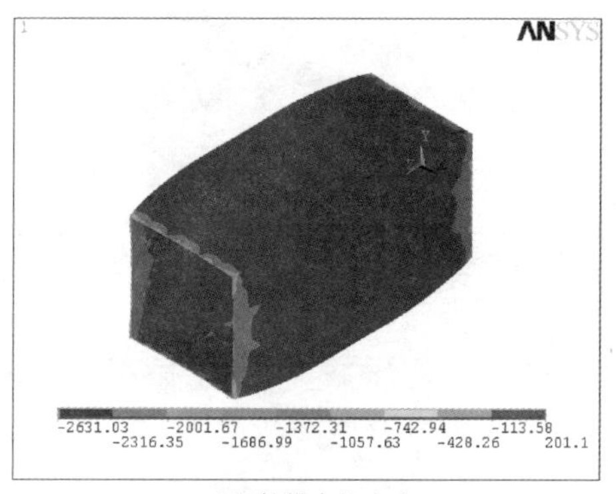

b)钢管横向拉应力

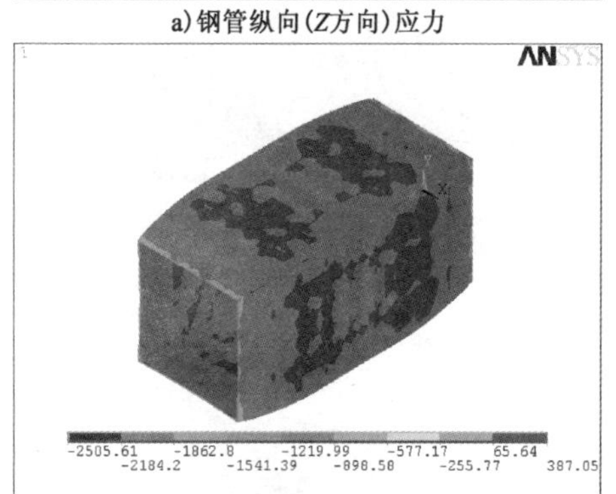

c)钢管第一主应力

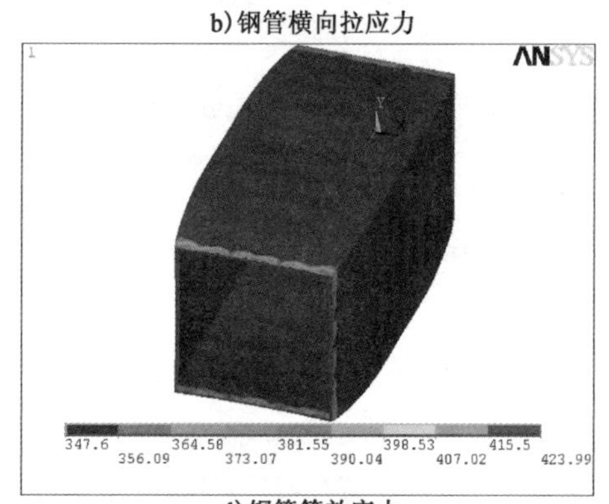

d)钢管等效应力

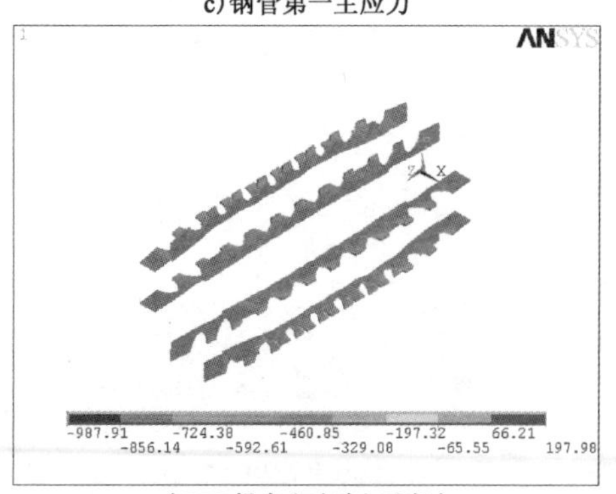

e)PBL纵向(Z方向)压应力

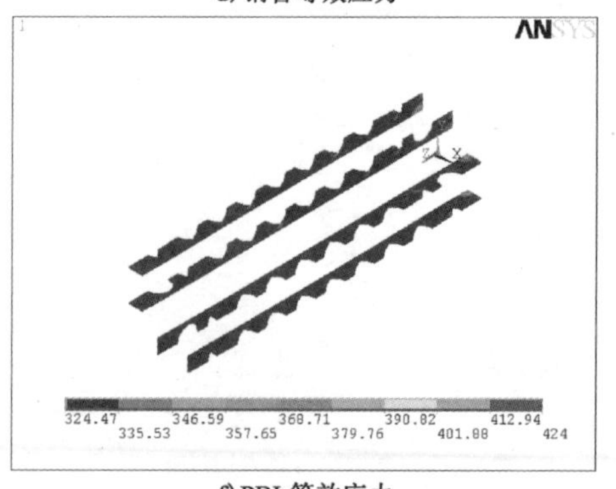

f)PBL等效应力

图　3.22

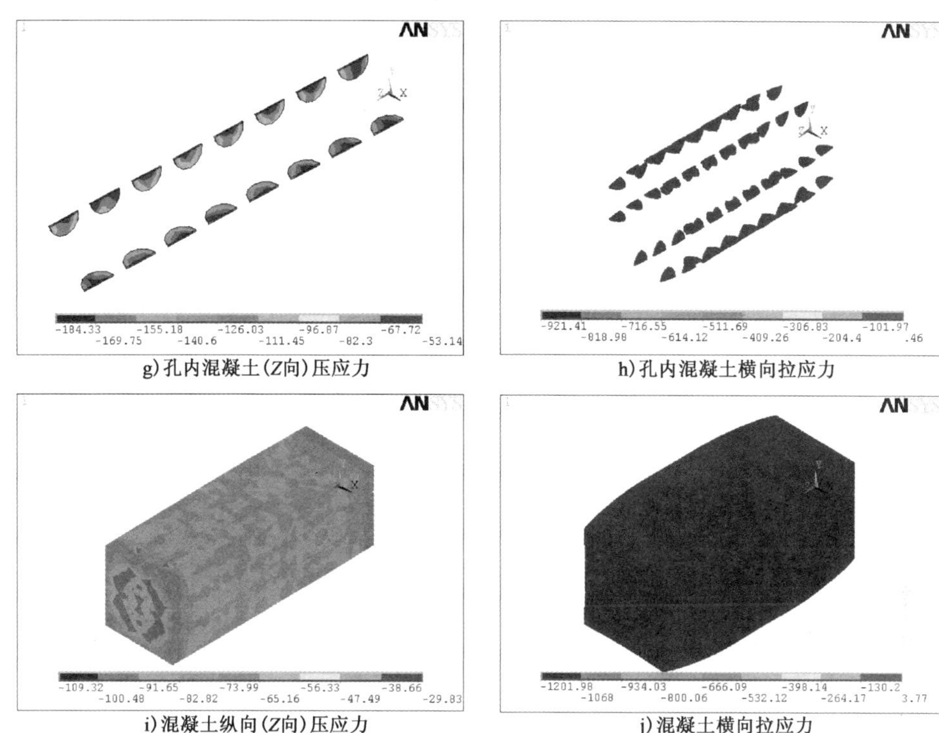

g)孔内混凝土(Z向)压应力　h)孔内混凝土横向拉应力

i)混凝土纵向(Z向)压应力　j)混凝土横向拉应力

图 3.22　SCD-30-1 试件应力分布图(单位:MPa)

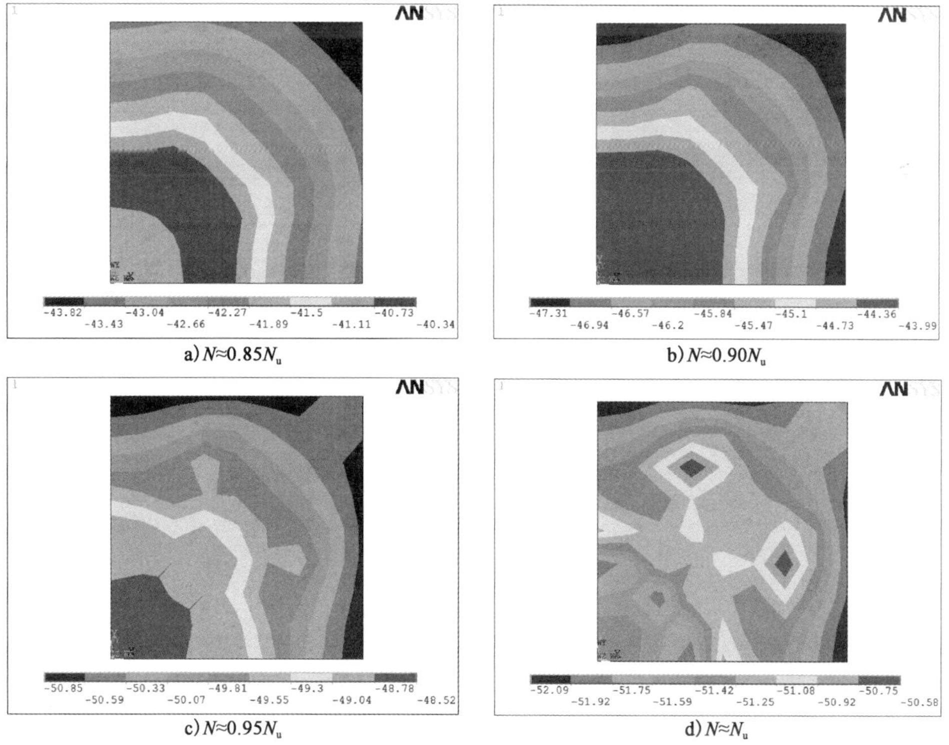

a) $N \approx 0.85N_u$　b) $N \approx 0.90N_u$

c) $N \approx 0.95N_u$　d) $N \approx N_u$

图 3.23　SCA-30-1 核心混凝土纵向压应力分布(单位:MPa)

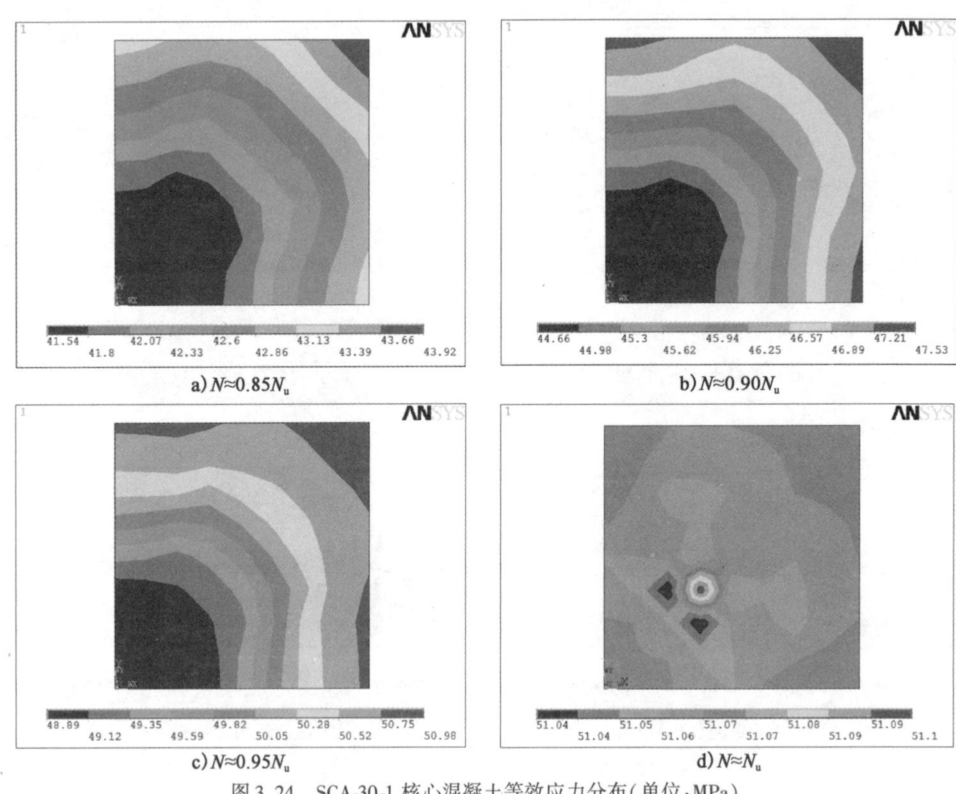

a) $N \approx 0.85N_u$　b) $N \approx 0.90N_u$

c) $N \approx 0.95N_u$　d) $N \approx N_u$

图 3.24　SCA-30-1 核心混凝土等效应力分布(单位:MPa)

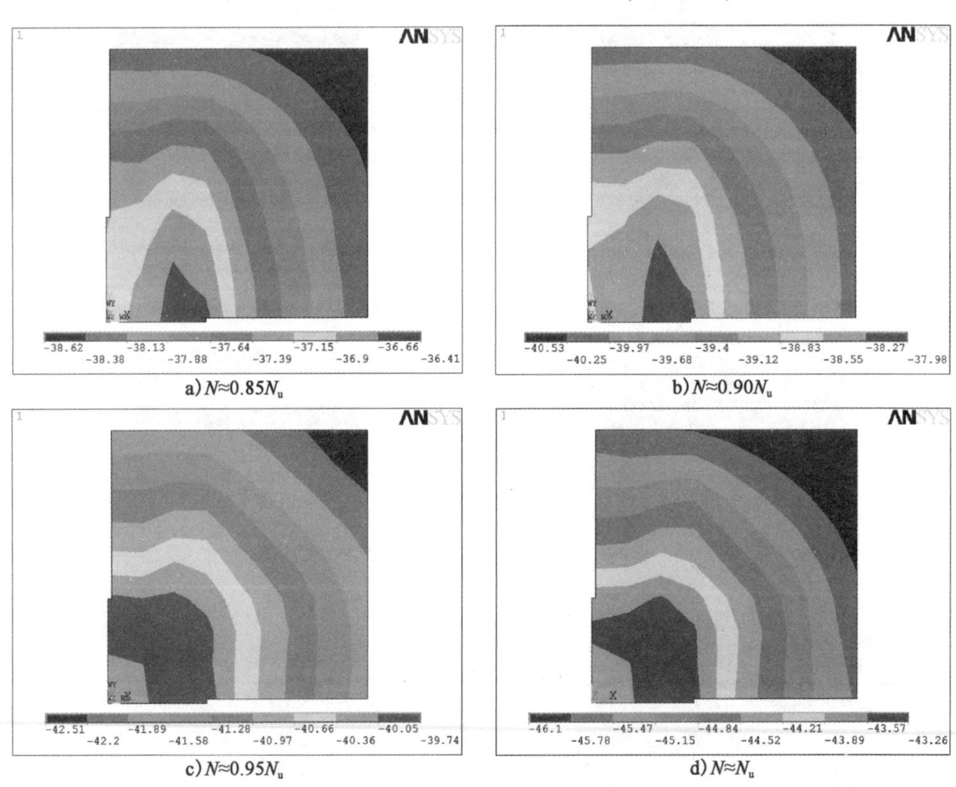

a) $N \approx 0.85N_u$　b) $N \approx 0.90N_u$

c) $N \approx 0.95N_u$　d) $N \approx N_u$

图 3.25　SCB-30-1 核心混凝土纵向压应力分布(单位:MPa)

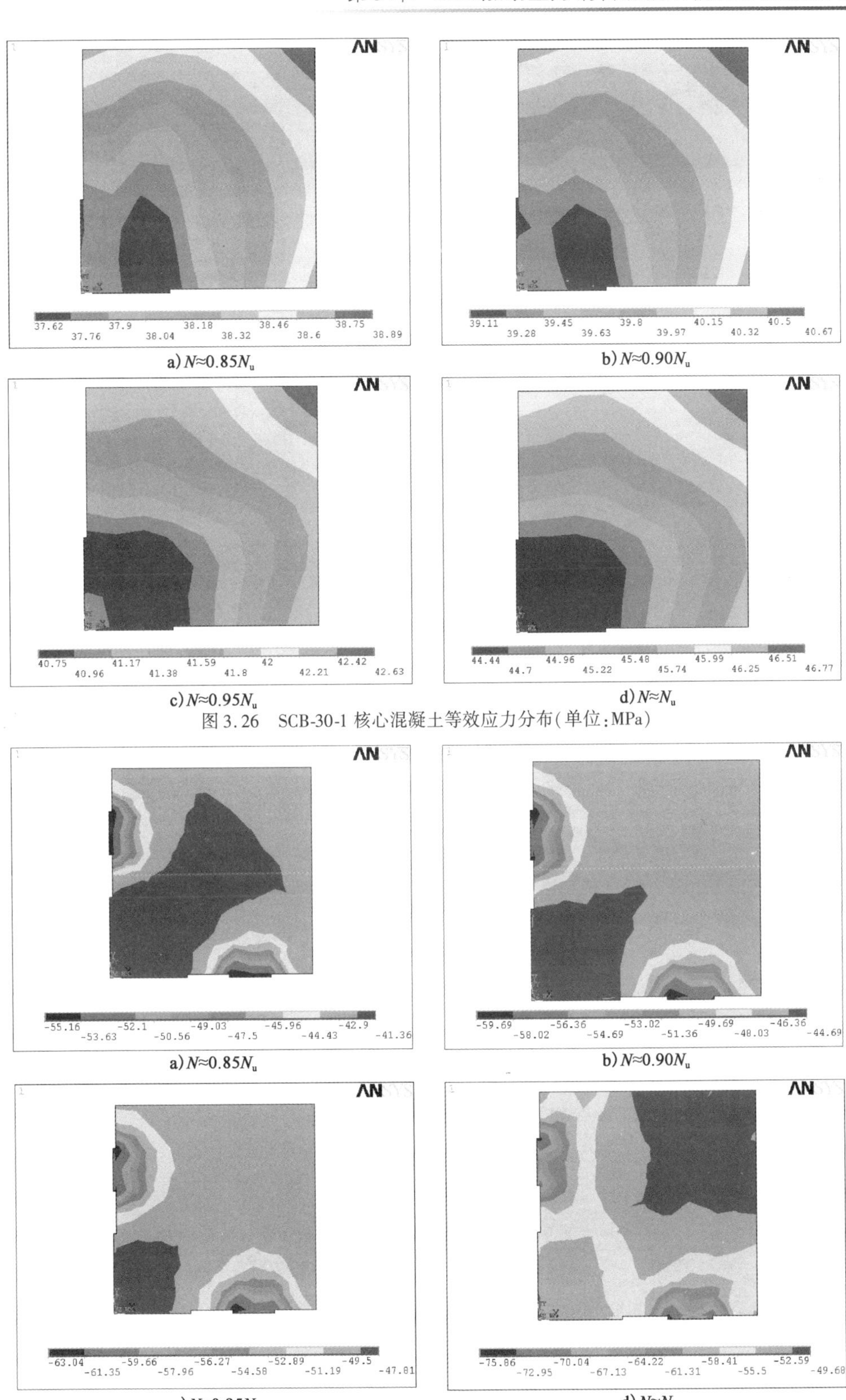

a) $N \approx 0.85N_u$　b) $N \approx 0.90N_u$

c) $N \approx 0.95N_u$　d) $N \approx N_u$

图3.26　SCB-30-1 核心混凝土等效应力分布(单位:MPa)

a) $N \approx 0.85N_u$　b) $N \approx 0.90N_u$

c) $N \approx 0.95N_u$　d) $N \approx N_u$

图3.27　SCC-30-1 核心混凝土纵向压应力分布(单位:MPa)

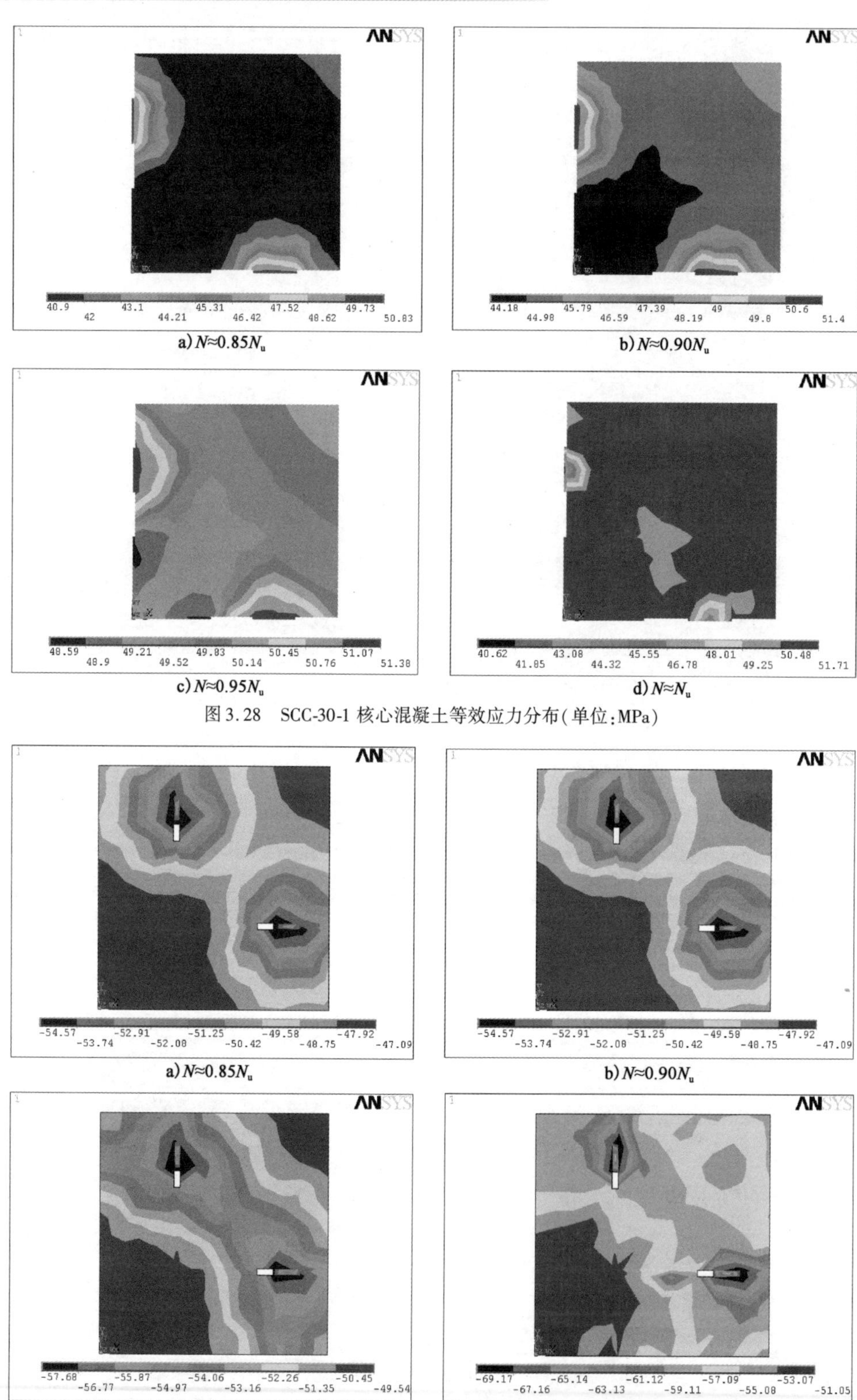

图 3.28 SCC-30-1 核心混凝土等效应力分布(单位:MPa)

图 3.29 SCD-30-1 核心混凝土纵向压应力分布(单位:MPa)

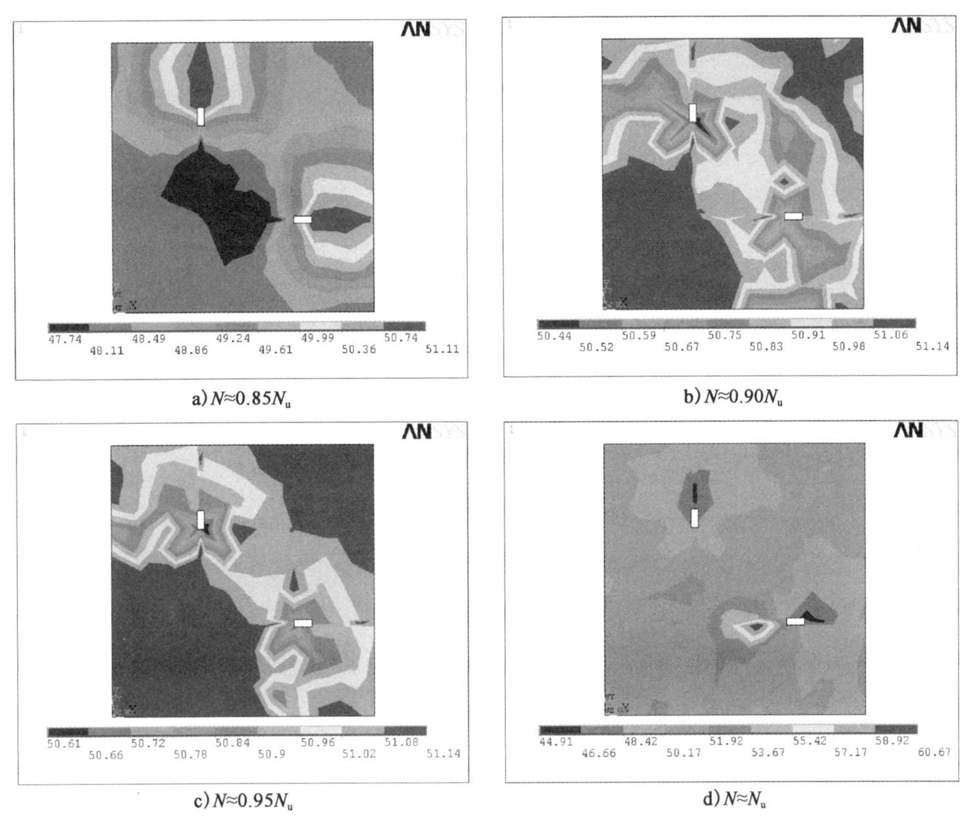

a) $N \approx 0.85N_u$　b) $N \approx 0.90N_u$

c) $N \approx 0.95N_u$　d) $N \approx N_u$

图 3.30　SCD-30-1 核心混凝土等效应力分布(单位:MPa)

由图 3.19 ~ 图 3.22 可以看出,随着外荷载的不断增加,核心混凝土的纵向压应力和等效应力不断增大,在进入弹塑性阶段后,混凝土的等效应力和纵向应力的分布规律基本相同;对于 A 类试件随着外荷载的不断增加,核心混凝土的纵向压应力和等效应力不断增大,其中柱角应力最大,柱中应力最小。这说明对于 A 类试件,钢管对核心混凝土的约束作用主要集中在角隅部位;B 类试件混凝土的纵向压应力和等效应力云图显示,除了柱角应力较大之外,加劲肋处混凝土应力与角隅部位混凝土应力十分接近,柱中应力仍然较小,这说明加劲肋与壁板相交部位也存在角隅效应,有效约束了核心混凝土;而对于 C 类和 D 类试件,从图中可以看出,与 A、B 类试件的纵向压应力和等效应力云图存在明显不同,在未达到极限承载力时,混凝土等效应力和纵向应力最高值并非出现在角隅部位,这是由于 PBL 的存在使得截面上 PBL 附近混凝土的等效应力和纵向应力最大,当接近极限荷载时,角隅部位混凝土、孔内混凝土与柱中混凝土的纵向应力和等效应力才十分接近,这是由于加劲肋开孔之后,改变了核心混凝土的应力分布。

在 ANSYS 有限元软件中,为了查看 3D 实体单元在某一截面上的结果,可以沿该截面定义一个“路径”,将计算结果映射到该路径。本书将钢管 1/2 截面管壁的一个壁板定义为一个“路径”,如图 3.31 中截面的“横线”所示,把钢管壁板沿路径的应力提取出来,分析四种不同截面类型的试件在极限荷载作用下钢管管壁横向应力的分布规律,从而从微观角度探究钢管与混凝土的组合作用。本书以30-4组和30-8组试件为例,得到的钢管管壁沿路径的横向应力分布规律,如图3.32、图3.33所示。

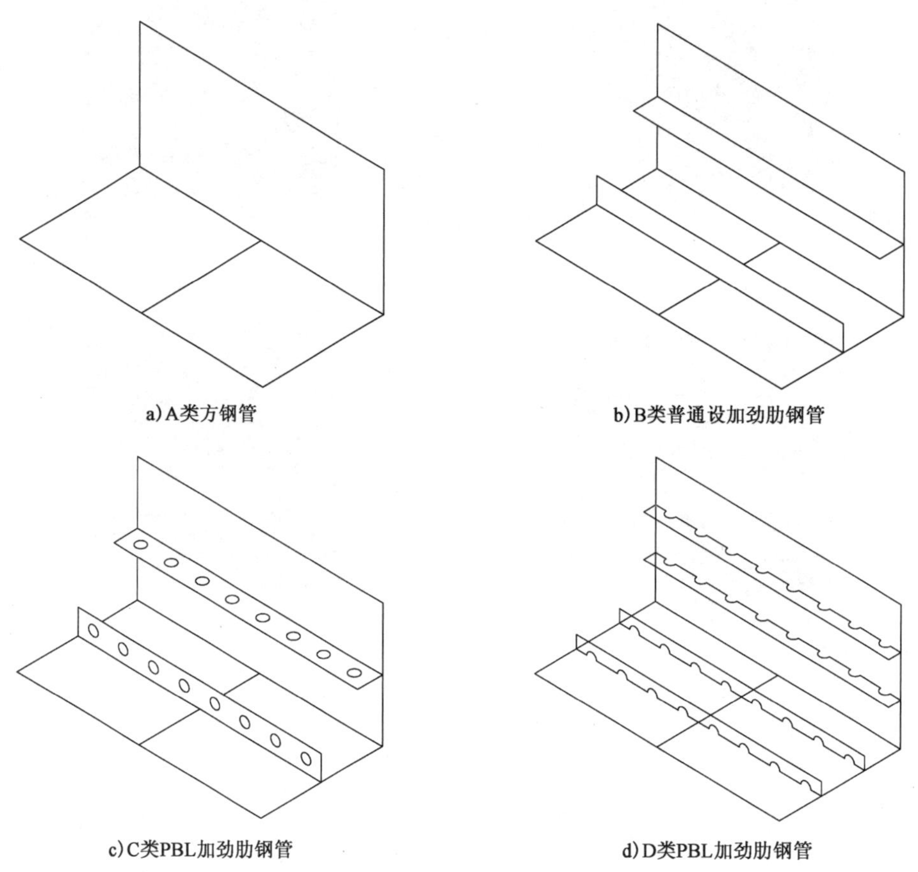

图3.31　定义的路径位置示意图

从图3.33中可以看出,对于A类试件,钢管横向应力在角隅部位较大,而在钢管壁板中部横向拉应力较小,说明方钢管对核心混凝土的约束主要集中在方钢管的角隅部位,这与大多数文献研究成果一致[60,62,128-130]。对于B类试件,加劲肋处壁板横向应力得到增大,加劲肋可充分参与截面受力,有效约束钢管管壁和核心混凝土。对于C类、D类截面,相对于A类和B类截面,受力复杂,壁板处横向应力甚至大于钢管角隅部位,说明PBL对混凝土在加劲壁板处约束效应有所加强,能有效约束钢管管壁,虽然因加劲肋截面有所削落,承载力有所降低,但相对于矩形钢管承载力仍然可以明显提高。由图中还可以看出,随着孔径的增大,壁板中部的横向拉应力呈现先增大后减小的趋势,说明开孔孔径为C类试件的敏感性参数,开孔不宜超过$b_s/2$。需要说明的是,这是对于本次试验的小截面尺寸的钢管而言,而对于实际工程中的大截面尺寸的钢管(箱)混凝土,壁板尺寸相对更大,多加劲肋应用十分广泛,如东江大桥[131]等,PBL在多肋钢管混凝土中的约束效果可能更好。

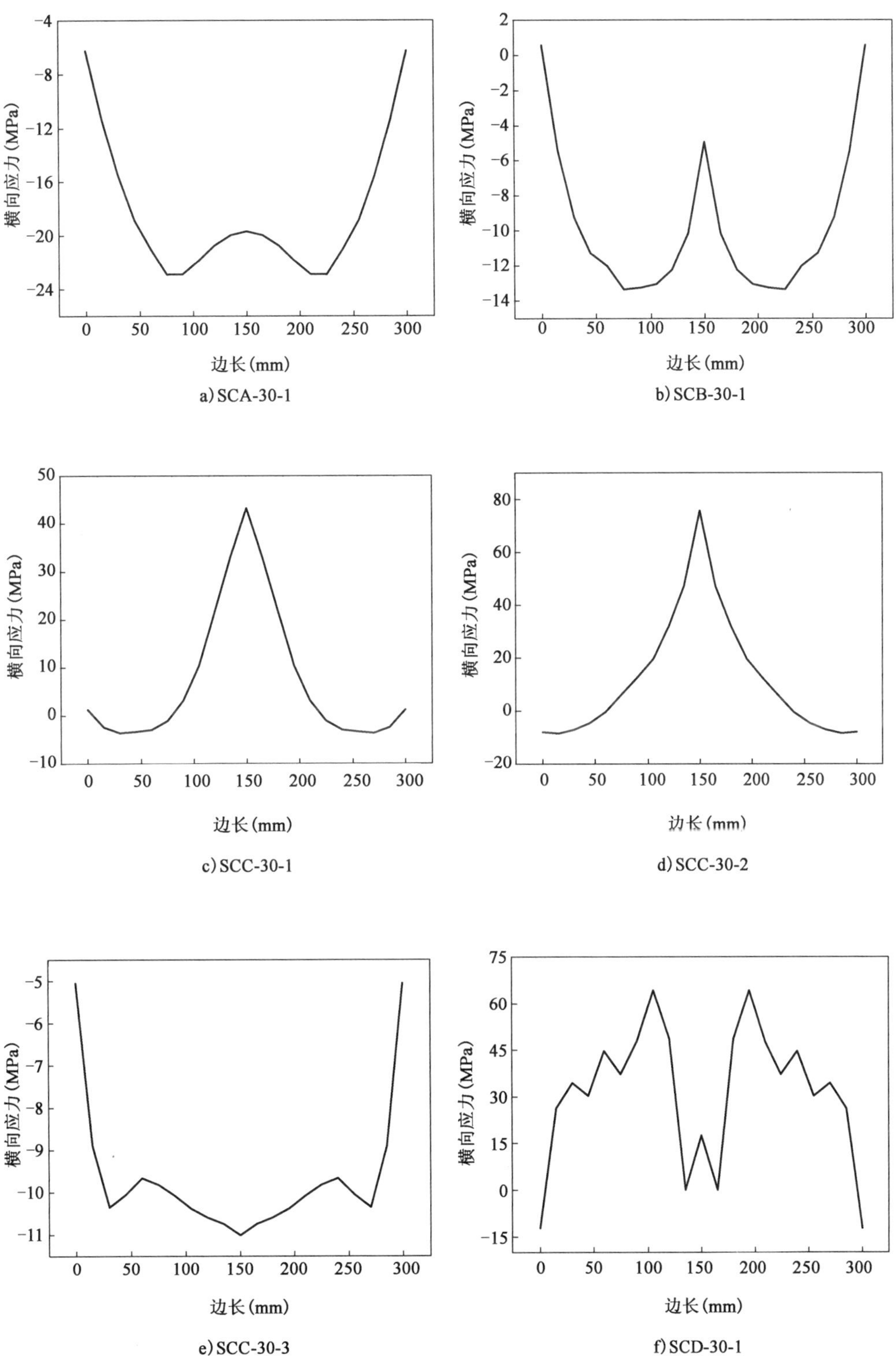

a) SCA-30-1

b) SCB-30-1

c) SCC-30-1

d) SCC-30-2

e) SCC-30-3

f) SCD-30-1

图 3.32 30-4 组试件钢管管壁横向应力分布

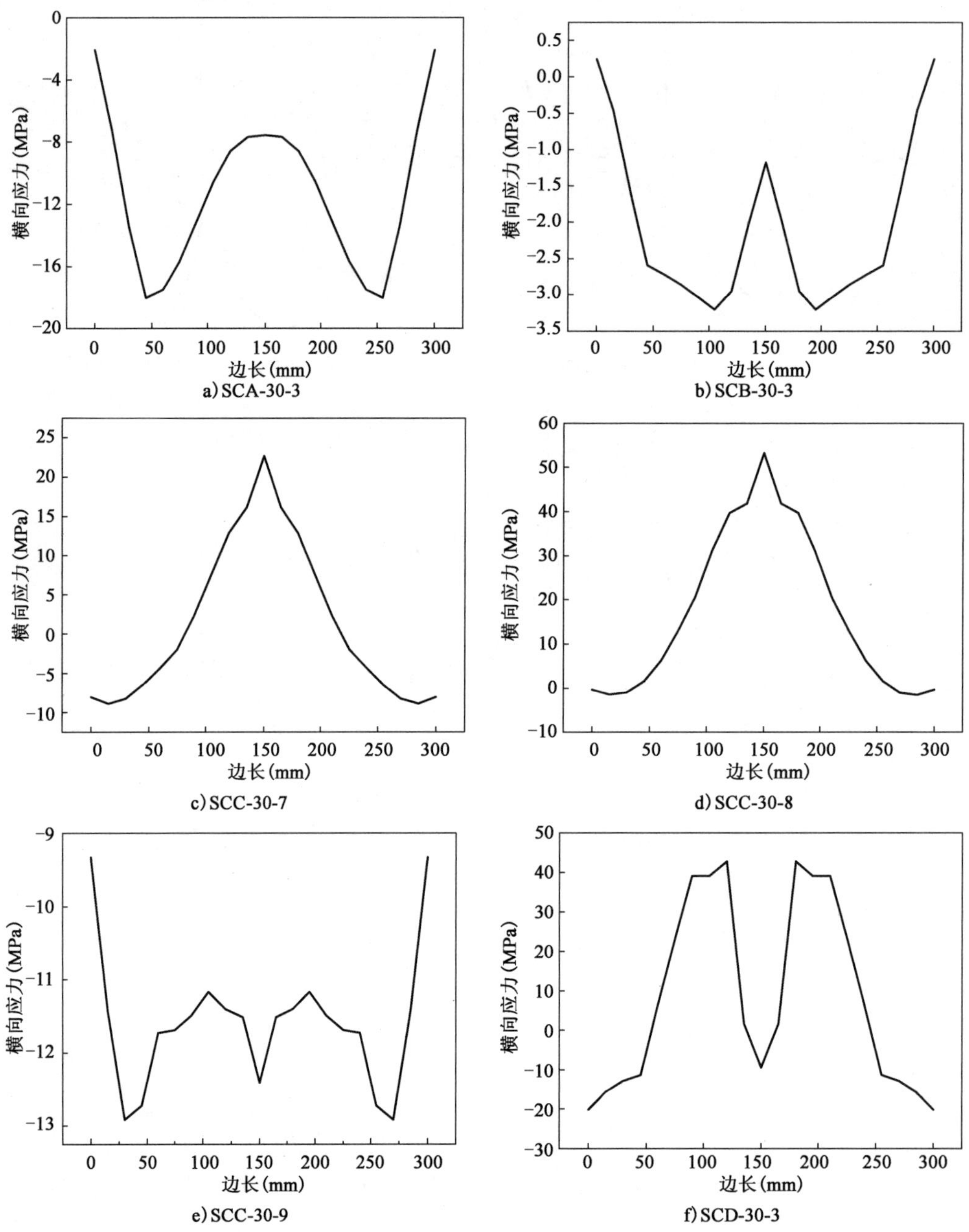

图 3.33　30-8 组试件钢管管壁横向应力分布规律

3.6　本章小结

本章采用大型通用有限元计算软件 ANSYS 建立了适用于 PBL 加劲型方钢管混凝土轴压短柱的有限元模型,并对其工作机理进行了分析,得出的主要结论如下:

(1)提出的修正核心混凝土应力—应变关系能够适用于 PBL 加劲型方钢管混凝土有限元分析,有限元模型模拟正确,计算结果与试验结果吻合较好。

(2) A 类试件与 B 类试件存在较为明显的端部效应，钢管的压应力从端部到中部呈现递减趋势，而对于 C 类和 D 类试件，钢管纵向应力受力相对均匀。

(3) 对于 C 类和 D 类试件，由于 PBL 的存在，混凝土压应力分布明显不均，其中 PBL 位置附近处混凝土压应力要高于其余位置，PBL 及孔内混凝土能充分参与截面受力。

(4) 对于 A 类试件，钢管对混凝土的约束主要集中在角隅部位；对于 B 类试件除角隅部位之外，加劲肋处也存在约束集中现象；对于 C 类试件，开孔孔径为敏感性参数，随着孔径的增大，壁板中部的横向拉应力呈现先增大后减小的趋势，开孔直径为 $b_s/2$ 较为合理，D 类试件相对 C 类试件更能有效提高其承载能力。

第 4 章　PBL 加劲型方钢管混凝土轴压短柱设计方法研究

4.1　概述

在对 PBL 加劲型方钢管混凝土轴压短柱试验研究的基础上，通过试验回归分析提出适用于方钢管混凝土、设加劲肋方钢管混凝土和 PBL 加劲型方钢管混凝土承载力和轴压刚度的统一计算方法。在有限元精细化全过程模拟取得较好效果的基础之上，利用 ANSYS 程序开展了关于 PBL 加劲型方钢管混凝土短柱的有限元参数分析，进一步研究了影响这种新型组合柱力学性能的主要参数，提出其较为合理的设计方法，并将试验回归得到的计算公式进行验证。最后分析了方钢管脱空之后钢管和核心混凝土不同的受力状态以及增设 PBL 之后对方钢管混凝土脱空后受力性能的改善。

4.2　承载力计算方法研究

钢管混凝土轴压短柱的极限承载力 N_u 是反映钢管混凝土力学性能的一个重要指标。目前，国内外已有多个用于计算钢管混凝土构件承载力的规范，如美国 ACI 318-05 (2005)[132]、英国 BS 5400(2005)[133]、欧洲 EC4(2004)[134]、福建省工程建设标准《钢管混凝土结构技术规程》(DBJ 13-51—2003)[135]以及中国工程建设标准化协会标准《矩形钢管混凝土结构技术规程》(CECS 159—2004)[136]等，这些规范中提供的计算公式能否直接用于 PBL 加劲型方钢管混凝土轴压短柱承载力的计算还有待研究。为此本书分别按照美国 ACI 318-05(2005)、英国 BS 5400(2005)、欧洲 EC4(2004)规范、福建省工程建设标准《钢管混凝土结构技术规程》(DBJ 13-51—2003)以及中国工程建设标准化协会标准《矩形钢管混凝土结构技术规程》，对表 2.1 中所列的试件承载力进行计算并与试验值进行了对比，并在此基础上提出了本书所述的承载力计算公式，计算结果如表 4.1 所示。在计算 PBL 加劲型方钢管混凝土轴压短柱承载力时，为了便于比较，钢材均采用实测的屈服强度 f_y，钢管截面面积采用壁板和纵肋面积的总和，其中 C 类试件考虑开孔截面削弱，即钢箱截面总面积(壁板和纵肋面积总和)减去四个纵肋圆孔投影到平面上的矩形面积(直径 × 厚度)。美国 ACI 318-05(2005)、欧洲 EC4(2004)、《钢管混凝土结构技术规程》(DBJ 13-51—2003)以及《矩形钢管混凝土结构技术规程》(CECS 159—2004)混凝土强度值采用混凝土轴心抗压强度 f_c，英国 BS 5400(2005)混凝土强度值采用混凝土立方体抗压强度 f_{cu}。

各国规范计算承载力与试验承载力对比表　　表 4.1

试件类型	试件编号	N_u(kN)	N_u/N_{ACI}	N_u/N_{BS5400}	N_u/N_{EC4}	N_u/N_{DBJ}	N_u/N_{CECS}	N_u/本书公式	γ_c
文献[74]	SC200-3	2003	1.76	1.81	1.32	1.44	1.08	1.18	1.12
	SC300-3	4140	1.83	1.90	1.40	1.34	1.03	1.42	1.03

续上表

试件类型	试件编号	N_u(kN)	N_u/N_{ACI}	N_u/N_{BS5400}	N_u/N_{EC4}	N_u/N_{DBJ}	N_u/N_{CECS}	N_u/本书公式	γ_c
文献[78]	SCFT25-1	3700	1.79	1.66	1.38	1.40	1.10	1.12	1.12
	SCFT25-2	3530	1.71	1.58	1.32	1.40	1.05	1.12	1.06
	SCFT25-3	3500	1.70	1.57	1.31	1.33	1.04	1.07	1.05
	SCFT19-1	2250	1.75	1.58	1.33	1.37	1.07	0.99	1.10
	SCFT19-2	2240	1.68	1.52	1.28	1.39	1.06	1.12	1.09
	SCFT19-3	2195	1.72	1.57	1.31	1.35	1.06	0.99	1.07
	SCFT13-1	1310	1.98	1.73	1.48	1.55	1.22	1.01	1.33
	SCFT13-2	1300	1.96	1.71	1.46	1.66	1.21	1.12	1.31
	SCFT13-3	1300	1.99	1.74	1.49	1.56	1.23	1.02	1.33
文献[80]	CSS16-1	1200	1.76	1.52	1.30	1.41	1.08	0.98	1.12
	CSS16-2	1240	1.77	1.52	1.30	1.42	1.09	0.96	1.14
	CSS16-3	1310	1.82	1.55	1.34	1.47	1.12	0.97	1.20
	CSS22-1	2140	1.72	1.55	1.31	1.37	1.06	1.05	1.08
	CSS22-2	2230	1.76	1.57	1.33	1.40	1.08	1.05	1.11
	CSS22-3	2350	1.82	1.61	1.37	1.45	1.12	1.05	1.17
	CSS28-1	3410	1.69	1.57	1.30	1.32	1.03	1.12	1.04
	CSS28-2	3460	1.69	1.57	1.30	1.33	1.04	1.10	1.05
	CSS28-3	3490	1.69	1.56	1.30	1.33	1.04	1.07	1.04
文献[71]	SC15-1	1935	1.86	1.63	1.34	1.45	1.08	0.99	1.14
	SC15-2	2001	1.92	1.69	1.38	1.50	1.12	1.03	1.21
本书第一组	TJA	8200	2.02	1.54	1.39	1.67	1.21	1.00	1.61
	TJB	9700	1.86	1.36	1.25	1.47	1.26	1.03	1.93
	TJC	10200	1.95	1.44	1.32	1.54	1.23	1.00	1.87
	KGD	6560	—	—	—	—	—	—	
本书第二组	SCA-20-1	3318	1.54	1.63	1.38	1.05	1.15	1.08	1.32
	SCB-20-1	4096	1.66	1.67	1.44	1.13	1.24	0.99	1.59
	SCC-20-1	4122	1.78	1.84	1.57	1.22	1.34	1.09	1.75
	SCC-20-2	3874	1.67	1.73	1.47	1.14	1.26	1.02	1.57
	SCC-20-3	3955	1.71	1.76	1.51	1.17	1.28	1.04	1.63
	SCA-30-1	6100	1.49	1.70	1.39	1.01	1.12	1.03	1.20
	SCB-30-1	6798	1.49	1.62	1.35	1.02	1.12	0.94	1.22
	SCC-30-1	7793	1.77	1.95	1.62	1.20	1.32	1.12	1.60
	SCC-30-2	7088	1.64	1.82	1.50	1.11	1.23	1.03	1.41
	SCC-30-3	6954	1.65	1.87	1.53	1.13	1.24	1.03	1.42
	SCD-30-1	7627	1.83	2.07	1.70	1.24	1.37	1.13	1.64

续上表

试件类型	试件编号	N_u(kN)	N_u/N_{ACI}	N_u/N_{BS5400}	N_u/N_{EC4}	N_u/N_{DBJ}	N_u/N_{CECS}	N_u/本书公式	γ_c
本书第二组	SCA-30-2	5958	1.66	2.05	1.62	1.11	1.25	1.14	1.36
	SCB-30-2	5984	1.54	1.80	1.45	1.04	1.15	1.03	1.25
	SCC-30-4	5089	1.34	1.60	1.28	0.90	1.01	0.88	1.01
	SCC-30-5	5969	1.60	1.92	1.53	1.07	1.20	1.11	1.30
	SCC-30-6	6111	1.67	2.04	1.62	1.12	1.26	1.10	1.38
	SCD-30-2	5391	1.49	1.82	1.44	0.99	1.11	0.97	1.17
	SCA-30-3	8619	1.66	1.71	1.46	1.12	1.24	1.17	1.55
	SCB-30-3	10997	1.83	1.79	1.56	1.23	1.37	1.07	2.01
	SCC-30-7	10096	1.76	1.75	1.52	1.18	1.32	1.08	1.82
	SCC-30-8	9566	1.71	1.71	1.48	1.15	1.28	1.03	1.70
	SCC-30-9	8777	1.63	1.66	1.43	1.10	1.22	0.96	1.53
	SCD-30-3	9871	1.81	1.83	1.58	1.22	1.36	1.08	1.86

4.2.1 美国 ACI 318-05(2005)

美国 AC I318-05(2005)在计算钢管混凝土构件的承载力时,是将其等效为钢筋混凝土构件,按照钢筋混凝土的方法进行,截面形式包括圆形、方形和矩形。

对于轴心受压短柱,其强度承载力应满足的要求为:

$$N_u = 0.85\varphi \cdot (A_s f_y + 0.85 f_c' A_c) \tag{4.1}$$

式中,φ 为折减系数,取值 0.75;f_c'为圆柱体抗压强度;A_c、A_s 分别为混凝土的截面面积和钢管的截面面积;f_y 为钢材的屈服强度。

4.2.2 英国 BS 5400(2005)

英国 BS 5400(2005)是英国标准委员会提出的桥梁设计规程,其给出了钢管混凝土构件承载力的设计公式,截面形式包括圆形、方形和矩形。

对于方、矩形钢管混凝土强度承载力应满足下式的要求:

$$N_u = 0.95 f_y A_s + 0.45 f_{cu} A_c \tag{4.2}$$

式中,f_{cu}为立方体抗压强度;A_c、A_s 分别为混凝土的截面面积和钢管的截面面积;f_y 为钢材的屈服强度。

4.2.3 欧洲 EC4(2004)

欧洲 EC4(2004)是欧洲标准化委员会(CEN)提出的钢—混凝土组合结构设计规范,其同时适用于圆形、方形和矩形钢管混凝土的计算:

$$N_u = \frac{f_y A_s}{\gamma_s} + \frac{f_c' A_c}{\gamma_c} \tag{4.3}$$

式中,A_c、A_s 分别为混凝土的截面面积和钢管的截面面积;f_y 为钢材的屈服强度;f_c'为混凝土圆柱体抗压强度;γ_s为钢材的材料分项系数,可取值为 1.0;γ_c为混凝土的材料分项系数,可取值 1.5。

4.2.4　DBJ 13-51—2003

《钢管混凝土结构技术规程》(DBJ 13-51—2003)是福建省工程建设标准,其同时适用于圆形、方形和矩形钢管混凝土的强度计算:

$$N_u = f_{sc}A_{sc} = f_{sc}(A_s + A_c) \tag{4.4}$$

对于方、矩形钢管混凝土,钢管混凝土组合轴压强度如下:

$$f_{sc} = (1.18 + 0.85\xi)f_c \tag{4.5}$$

$$\xi = \frac{A_s f_y}{A_c f_c} \tag{4.6}$$

式中,f_{sc} 为钢管混凝土组合轴压强度;ξ 为构件截面的套箍系数;A_{sc} 为钢管混凝土的横截面面积;A_c、A_s 分别为混凝土的截面面积和钢管的截面面积;f_y 为钢材的屈服强度;f_c 为混凝土轴心抗压强度。

4.2.5　CECS 159—2004

《矩形钢管混凝土结构技术规程》(CECS 159—2004)是中国工程建设标准化协会标准,规程给出矩形钢管混凝土构件轴压强度承载力的计算公式:

$$N_u = f_y \times A_s + f_c \times A_c \tag{4.7}$$

式中,A_c、A_s 分别为混凝土的截面面积和钢管的截面面积;f_y 为钢材的屈服强度;f_c 为混凝土轴心抗压强度。

4.2.6　本书承载力计算公式

PBL 加劲型方钢管混凝土柱可以看作是由空钢管、核心混凝土以及 PBL(加劲肋)三者组成,如图 4.1 所示。在这三者组成的“系统”中,钢管承载力受力比较明确,而混凝土由于受到 PBL 和钢管的双重约束,受力情况比较复杂,PBL(加劲肋)由于内嵌在混凝土之中,PBL(加劲肋)和混凝土的共同作用变得更为复杂,特别是对于开孔加劲肋,如果开孔足够小(未开孔加劲肋),此时的 PBL 可以当作普通加劲肋,本书以及相关文献已经进行试验研究[74,76,79,80,124],而如果开孔孔径足够大,由于加劲肋截面削弱,PBL 对钢管管壁的加劲作用下降,PBL 可以当作钢—混凝土之间的传力层——剪力连接件。

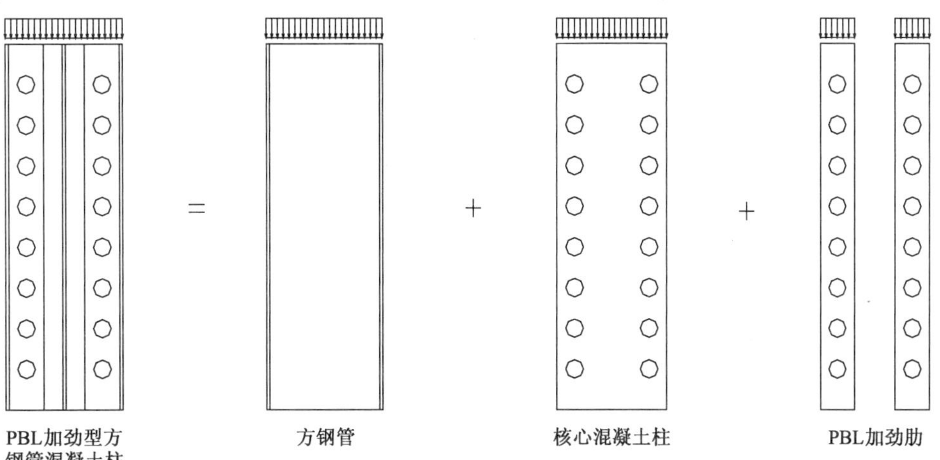

图 4.1　承载力示意图

为了比较开孔加劲肋(PBL)和未开孔加劲肋对核心混凝土的约束,以明确这种新型组合柱的承载力计算公式,本书采用剥离分析法进行分析。根据叠加原理,PBL 加劲型方钢管混凝土轴压短柱的承载力可以看作是由空钢管、核心混凝土以及 PBL 加劲肋三部分叠加而成,即:

$$N_u = f_y A_s + \gamma_s f'_y A'_s + \gamma_c f_c A_c \tag{4.8}$$

式中,f_y为钢管的屈服强度;A_s为钢管的截面面积;f'_y为 PBL(加劲肋)的屈服强度;A'_s为 PBL(加劲肋)的截面面积;γ_s为 PBL 承载力折减系数($\gamma_s = 1 - d/b_s$,d 为开孔直径;b_s为加劲肋肋高);f_c为核心混凝土的轴心抗压强度;A_c为核心混凝土的截面面积;γ_c为核心混凝土的提高系数。本书第 2.3 节中已经结合相关文献的试验结果,比较了 γ_c,本小节利用 1sTopt 计算软件进行数据拟合,得到了 γ_c的取值见式(4.9)。

需要说明的是本书提出的承载力计算公式同样适用于普通方钢管混凝土轴压短柱和设加劲肋钢管混凝土轴压短柱承载力的计算,计算方钢管混凝土轴压短柱承载力时 $\gamma_s = 0$,$\gamma_c = 1$;计算设加劲肋钢管混凝土轴压短柱承载力时,$\gamma_s = 1.0$,含钢率 $\alpha = A_s/A_c \times 100$。

$$\begin{cases} \gamma_c = 1.0 & (\gamma_s = 0) \\ \gamma_c = 0.56 \times \ln(\alpha + 1) & (\gamma_s = 1.0) \\ \gamma_c = 0.4 + 0.46 \times \ln\alpha & (0 < \gamma_s < 1) \end{cases} \tag{4.9}$$

4.2.7 承载力计算方法比较

由表 4.1 可以得出,按照文献[132-136]规范和本书计算公式,试验承载力/计算承载力的平均值分别为 1.69、1.72、1.41、1.27、1.17、1.06,变异系数分别为 10.7%、8.0%、8.7%、14.7%、9.1%、7.5%。由此可以看出,PBL 加劲型方钢管(箱)混凝土短柱的承载力可以按照相关规范及本书公式计算,其中本书计算公式更为接近试验值,均值及变异系数较小。

4.3 轴压组合刚度分析

钢管混凝土柱在轴心受压下的刚度是柱变形能力的重要指标,也是结构设计中重要的结构设计参数,为此许多学者对钢管混凝土轴压组合刚度进行了研究[137-143],然而目前关于 PBL 加劲型方钢管混凝土轴压刚度和设加劲肋钢管混凝土轴压刚度的研究还未见到相关文献。为此,本书在参考大量文献和相关设计规范的基础上,根据本次及相关文献试件的数据和荷载—应变曲线,探讨组合刚度的一些计算方法,并初步推导计算公式。

4.3.1 叠加方法

文献[1]对钢管混凝土柱的轴压刚度的计算原理进行了详细的介绍,认为钢管混凝土柱在正常使用的荷载作用下必须总是处于弹性工作阶段。试验观察表明,处于弹性阶段的钢管混凝土柱,其钢管和核心混凝土之间的侧压力尚不明显,从而可以忽略。钢管混凝土柱犹如普通 RC 柱中的纵向钢筋一样承担纵向荷载。在钢管混凝土柱受轴向压力时,假定钢管与混凝土变形协调,二者之间具有相同的压缩应变。根据胡克定律,设钢管混凝土柱受到轴压荷载 N 作用而发生应变 ε 时,ε 计算公式如下:

$$\varepsilon = \frac{N}{(EA)_e} \tag{4.10}$$

钢管的应力将为:

$$\sigma_s = E_s \varepsilon \tag{4.11}$$

核心混凝土的应力为:

$$\sigma_c = E_c \varepsilon \tag{4.12}$$

从而钢管所承担的纵向压力为:

$$N_s = \sigma_s A_s = E_s A_s \varepsilon \tag{4.13}$$

核心混凝土承担的纵向压力为:

$$N_c = \sigma_c A_c = E_c A_c \varepsilon \tag{4.14}$$

由平衡条件可知:

$$N = N_s + N_c \tag{4.15}$$

将式(4.10)、式(4.11)、式(4.12)代入式(4.14),得:

$$(EA)_e = E_c A_c + E_s A_s \tag{4.16}$$

式中,E_s、E_c 分别为钢与混凝土的弹性模量;A_s、A_c 分别为钢管与混凝土的截面面积;$(EA)_e$ 为钢管混凝土轴压刚度。

目前,中国工程建设标准化协会标准《钢管混凝土结构设计与施工规程》(CECS 28:90)[144]在第 2.0.2 条规定:钢管混凝土构件在正常使用极限状态下的刚度可按式(4.16)取值。日本建筑学会 AIJ 规程《钢管混凝土构造设计施工指针》(1997 年)和《钢骨混凝土结构计算标准(第五版)》(2001 年)[142,145,146]亦采用了这个计算方法。

4.3.2　折减系数计算法

折减系数计算法是指钢管混凝土的组合变形模量在简单叠加的基础上进行折减。国家建筑材料工业局标准《钢管混凝土结构设计与施工规程》(JCJ 01—89)[147]采用了这种计算理论。

该规程第 2.3.3 条规定,钢管混凝土受压杆件的计算变形模量 E_{sc} 按式(4.17)计算:

$$E_{sc} = 0.85[(1-\alpha)E_c + \alpha E_s] \tag{4.17}$$

式中,E_s 为钢管弹性模量;E_c 为混凝土弹性模量;α 为含钢率,按 $\alpha = 4t/D$ 计算,其中 t 为钢管壁厚,D 为钢管外径。

4.3.3　套箍约束计算方法

套箍约束的计算方法是指在组合弹性模量计算中,考虑钢管对核心混凝土的套箍作用会增加钢管混凝土柱的刚度。电力行业标准《钢—混凝土组合结构设计规程》(DL/T 5085—1999)[148]的计算方法就属于这一类。

该规程第 6.2.8 规定:钢管混凝土组合轴压弹性模量 E_{sc} 可根据钢材种类、混凝土等级和构件截面含钢率 α 查表得到,也可以按规程条文说明提供的数学表达式进行计算。钢管混凝土构件组合弹性模量 E_{sc} 计算公式为:

$$E_{sc} = f_{scp}/\varepsilon_{scp} \tag{4.18}$$

式中，f_{scp}为钢管混凝土组合强度比例极限，计算公式为：

$$f_{scp} = (0.192f_y/235 + 0.488)f_{scy} \tag{4.19}$$

f_{scy}为钢管混凝土轴压组合强度标准值，计算公式为：

$$f_{scy} = (1.212 + \eta_s\xi + \eta_c\xi^2)f_{ck} \tag{4.20}$$

η_s 为计算系数，计算公式为：

$$\eta_s = 0.1759f_y/235 + 0.974 \tag{4.21}$$

f_y 为钢材的屈服强度；η_c 为计算系数，计算公式为：

$$\eta_c = -0.1038f_{ck}/20 + 0.0309 \tag{4.22}$$

f_{ck}为核心混凝土抗压强度标准值；ξ 为套箍系数标准值，计算公式为：

$$\xi = f_yA_s/(f_{ck}A_c) = \alpha_sf_y/f_{ck} \tag{4.23}$$

α_s 为含钢率，$\alpha_s = A_s/A_c$；A_s、A_c 为钢管与混凝土的横截面面积；ε_{scp}为钢管混凝土组合比例极限应变，计算公式为：

$$\varepsilon_{scp} = 0.67\frac{f_y}{E_s} \tag{4.24}$$

E_s为钢材的弹性模量。

则钢管混凝土构件的轴压刚度为 $E_{sc}A_{sc}$，其中，A_{sc}为钢管混凝土的截面面积。

4.3.4 本书轴压刚度计算公式

因在钢管内部增设 PBL(加劲肋)，轴压刚度的计算如果仅仅按照叠加原理不考虑 PBL(加劲肋)计算将会不准确。为此针对 PBL 加劲型方钢管混凝土轴压短柱的特点，结合本章上述分析，引进 PBL 修正系数，提出 PBL 加劲型方钢管混凝土轴压短柱轴压刚度的计算公式：

$$(EA)_e = E_sA_s + \gamma_sE_sA'_s + E_cA_c \tag{4.25}$$

式中，A_s、A'_s、A_c分别为钢管、PBL(加劲肋)和混凝土的截面面积；$\gamma_s = 1 - d/b_s$。需要指出的是，计算公式同样适用于普通设加劲肋钢管混凝土轴压短柱($\gamma_s = 1$)及方钢管混凝土轴压短柱($\gamma_s = 0$)轴压刚度的计算。

4.3.5 轴压刚度计算方法比较

国内现有的钢管混凝土规范——国家建筑材料工业局标准《钢管混凝土结构设计与施工规程》(JCJ 01—89)[147]、电力行业标准《钢—混凝土组合结构设计规程》(DL/T 5085—1999)[148]规程、中国工程建设标准化协会标准《钢管混凝土结构设计与施工规程》(CECS 28:90)[144]中，JCJ 01—89 规程与 DL/T 5085—1999 规程给出了钢管混凝土组合弹性模量 E_{sc}，CECS28:90 规程给出了轴压刚度(EA)的计算公式。

而国外现有的一些代表性的钢管混凝土计算规程，如美国 LRFD 规程[149]、欧洲 EC4 规程[134]等，只给出了钢管混凝土抗弯刚度的计算方法，而没有提供轴压刚度的计算方法[142,143,150]。

本书根据第 2 章中 PBL 加劲型方钢管混凝土轴压短柱试验获得的 N-ε 曲线，确定了其轴压刚度，并与 CECS 28:90 规程、JCJ 01—89 规程和 DL/T 5085—1999 规程提供的计算方法进行了比较。

PBL 加劲型方钢管混凝土柱轴压试验的纵向应变包括方钢管纵向应变、加劲肋（PBL）、内填混凝土纵向应变。当材料在弹性变形范围内，由胡克定律可知，构件的整体应力为：

$$\sigma = \frac{N}{A} \tag{4.26}$$

则

$$\frac{N}{A} = E\varepsilon \tag{4.27}$$

即

$$EA = \frac{N}{\varepsilon} \tag{4.28}$$

设钢管混凝土构件的轴压刚度为$(EA)_{sc}$，则

$$(EA)_{sc} = \frac{N}{\varepsilon} = K_{sc} \tag{4.29}$$

式中，N 为作用在构件上的轴向力；A 为与轴向力垂直的构件的截面面积；E 为材料的弹性模量；ε 为在轴压压力作用下，材料产生的轴向应变；EA 为构件的抗压刚度；K_{sc} 为钢管混凝土轴心受压构件 N-ε 关系曲线的弹性段的斜率（图 2.35、图 2.36），按式（4.29）确定了本章试验的钢管混凝土的轴压刚度。

在根据试验数据计算轴压刚度时采用 1stOpt 数值分析程序进行求解，并保证相关系数 R 大于 0.9999，求得的钢管混凝土轴压刚度如表 4.2 所示。将本书的试验得到的钢管混凝土轴压刚度$(EA)_{sc}$与按照 JCJ 01—89 规程、CECS 28:90 规程、DL/T 5085—1999 规程以及本书轴压刚度计算公式提供的确定钢管混凝土构件轴压刚度的三种计算方法进行了对比，如图 4.2 所示，其中在采用 JCJ 01—89 规程计算轴压刚度时，图 4.2a）的含钢率采用的计算公式为 $\alpha = A_s/A_c$，而图 4.2b）的含钢率采用的计算公式为 $\alpha = 4t/D$，并未包括加劲肋的面积。

钢管混凝土轴压刚度比较　　表 4.2

试件编号	f_y (MPa)	f_c (MPa)	E_s (10^5 MPa)	E_c (10^5 MPa)	CECS 28:90 (10^6 kN)	JCJ 01—89 (10^6 kN)	DL/T 5085—1999 (10^6 kN)	本书公式	实测值 $(EA)_{sc}$ (10^6 kN)
TJA	391	35.1	1.89	0.325	3.98	3.92	5.20	4.32	4.57
TJB	367	35.1	2.08	0.325	4.66	5.00	6.84	5.06	5.46
TJC	367	35.1	2.08	0.325	4.66	5.00	6.84	5.49	5.44
SCA-20-1	464	43.1	2.11	0.325	1.85	1.62	2.09	1.85	1.85
SCB-20-1	464	43.1	2.11	0.325	1.82	1.80	2.38	2.02	1.92

续上表

试件编号	f_y (MPa)	f_c (MPa)	E_s (10^5 MPa)	E_c (10^5 MPa)	CECS 28:90 (10^6kN)	JCJ 01—89 (10^6kN)	DL/T 5085—1999 (10^6kN)	本书公式	实测值 $(EA)_{sc}$ (10^6kN)
SCC-20-1	464	43.1	2.11	0.325	1.84	1.71	2.23	1.70	1.97
SCC-20-2	464	43.1	2.11	0.325	1.84	1.71	2.23	1.70	1.92
SCC-20-3	464	43.1	2.11	0.325	1.84	1.71	2.23	1.70	2.85
SCA-30-1	464	43.1	2.11	0.325	3.76	3.24	3.96	3.76	3.42
SCB-30-1	464	43.1	2.11	0.325	3.72	3.49	4.42	4.02	3.75
SCC-30-1	464	43.1	2.11	0.325	3.73	3.41	4.27	3.56	3.47
SCC-30-2	464	43.1	2.11	0.325	3.74	3.37	4.19	3.52	3.41
SCC-30-3	464	43.1	2.11	0.325	3.75	3.30	4.07	3.45	3.84
SCD-30-1	464	43.1	2.11	0.325	3.76	3.30	4.07	3.57	3.95
SCA-30-2	414	43.1	2.08	0.325	3.56	3.04	3.61	3.56	3.21
SCB-30-2	414	43.1	2.08	0.325	3.52	3.22	3.94	3.75	3.27
SCC-30-4	414	43.1	2.08	0.325	3.53	3.16	3.83	3.43	3.16
SCC-30-5	414	43.1	2.08	0.325	3.54	3.13	3.77	3.40	4.28
SCC-30-6	414	43.1	2.08	0.325	3.55	3.08	3.68	3.35	3.79
SCD-30-2	414	43.1	2.08	0.325	3.55	3.08	3.68	3.44	3.59
SCA-30-3	424	43.1	2.12	0.325	4.51	4.02	5.25	4.51	3.99
SCB-30-3	424	43.1	2.12	0.325	4.42	4.57	6.00	4.99	4.68
SCC-30-7	424	43.1	2.12	0.325	4.42	4.39	5.76	4.00	4.18
SCC-30-8	424	43.1	2.12	0.325	4.42	4.29	5.63	3.91	4.59
SCC-30-9	424	43.1	2.12	0.325	4.42	4.14	5.42	3.75	3.76
SCD-30-3	424	43.1	2.12	0.325	4.42	4.14	5.42	3.97	4.17

由图 4.2 可以看出,试验结果与本书公式计算结果和 JCJ 01—89 规程(α 修正)比较接近,即设加劲肋(PBL)方钢管混凝土轴压短柱的轴压刚度可以按照本书计算公式和国家建筑材料工业局标准《钢管混凝土结构设计与施工规程》(JCJ 01—89)(修正后)[147]进行计算,在计算含钢率时,可以采用 $\alpha = A_s/A_c$ 计算公式,而采用中国工程建设标准化协会标准《钢管混凝土结构设计与施工规程》(CECS 28:90)(不考虑加劲肋刚度)[144]和电力行业标准《钢—混凝土组合结构设计规程》(DL/T 5085—1999)[148]计算结果相对较为离散,这是因为采用 CECS 28:90 规程计算时钢材的面积未包括加劲肋(PBL)部分的面积。而采用 DL/T 5085—1999 规程时,是考虑了钢管对核心混凝土的约束作用,对于方钢管混凝土约束作用较弱,考虑约束作用并不太合适。

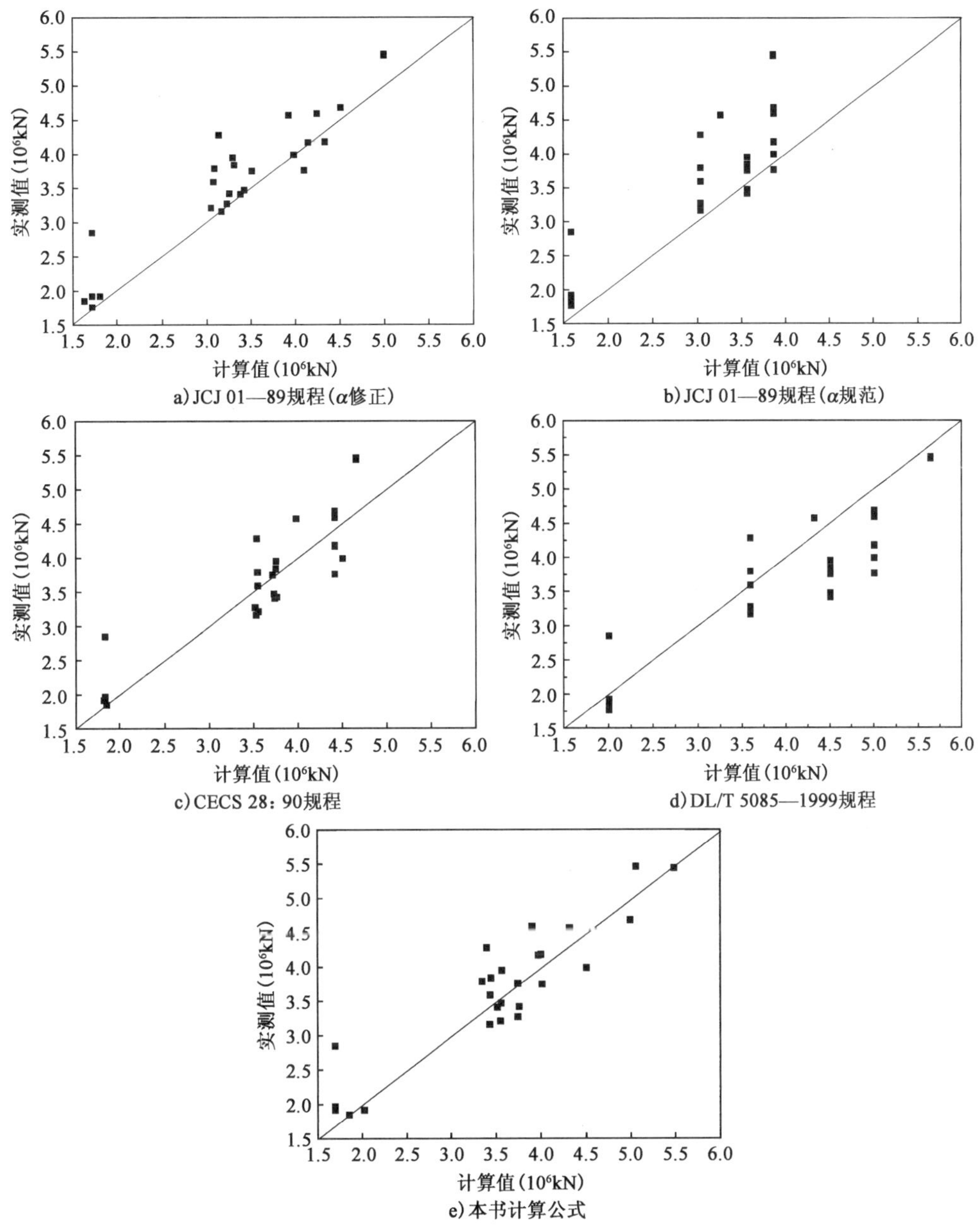

图4.2 钢管混凝土轴压刚度计算方法比较

根据本书试验结果与上述分析可知，钢管混凝土轴压刚度$(EA)_{sc}$较适用于采用本书计算公式及JCJ 01—89规程（修正后）的公式(4.17)计算确定。

4.4 不同参数对承载力的影响分析

4.4.1 开孔间距

为了分析开孔间距对PBL加劲型方钢管混凝土轴压短柱力学性能的影响，采用有限元软件设计了一组试件,设计的试件以 SCC-30-2 为基准,通过改变开孔间距($1.5d \sim 2.5d$)来研究承载力的变化,设计参数如表 4.3 所示,材料特性与试件 SCC-30-2 相同。

开孔间距不同参数设计表 表 4.3

序号	编号	B(mm)	t(mm)	d(mm)	y_y(mm)	N_u(kN)	备注
1	SCC-30-2-1	300	4	45	$1.5d$	6869	改变开孔间距
2	SCC-30-2-2	300	4	45	$2.0d$	7561	
3	SCC-30-2	300	4	45	$2.2d$	7231	
4	SCC-30-2-3	300	4	45	$2.5d$	7339	

由表 4.3 可以看出,开孔间距对 PBL 加劲型方钢管混凝土轴压短柱的极限承载力有一定影响,但并没有特定的规律。图 4.3 为孔间距是 $1.5d$ 和 $2.5d$ 时 PBL 在 $0.7N_u$ 荷载作用下的应力云图。从图中可以看出,PBL 的屈服均是先从边缘屈服,最后才是全截面屈服,但孔间距为 $1.5d$ 时的试件的承载力明显小于 $2.0d$ 时的试件承载力,参考 1993 年 E. C. Oguejiofor 和 M. U. Hosian 的试验研究成果[84],为了避免孔内混凝土出现应力叠合,孔间距大于 $2d$ 较为合适。

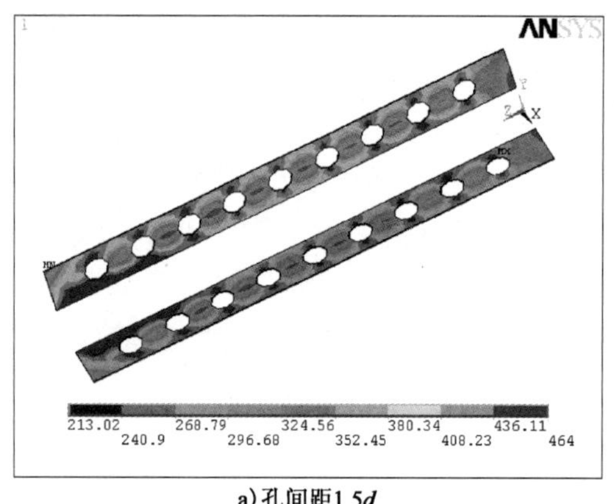

a) 孔间距 $1.5d$

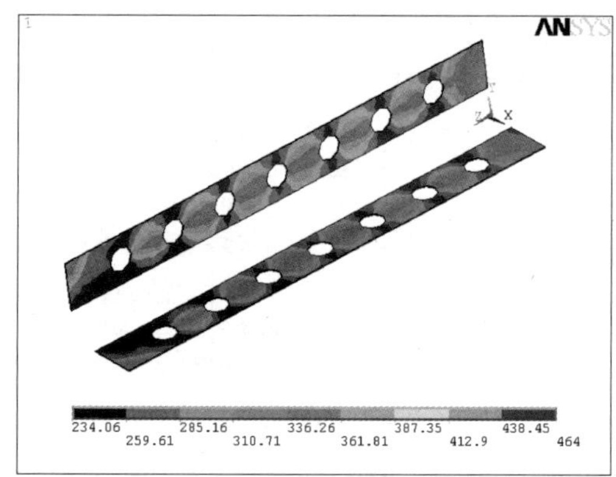

b) 孔间距 $2.5d$

图 4.3 PBL 破坏模式

4.4.2 PBL 宽厚比

对于 PBL 加劲型方钢管混凝土组合柱而言,PBL 可以看作加劲肋,也可以看作剪力键。当 PBL 不开孔或者开孔较小时,PBL 作为加劲肋,可以有效限制钢管的局部屈曲,通过增强钢管对混凝土的约束作用,提高钢管混凝土组合柱的承载能力,这与普通设加劲肋型钢管混凝土作用机理基本一致。当 PBL 开孔较大时,可以看作剪力键,PBL 对于钢板的局部屈曲限制能力相对加劲肋削弱,PBL 更多的是参与钢管与混凝土界面上的传力构件。

本节以 30-3 组试件为例,不管是加劲肋还是 PBL 对 30-3 组试件承载力的提高都十分有限。为此,本节通过改变 PBL 的宽厚比来比较其承载力的变化,设计的一组参数如表 4.4 所示,材料特性与 30-3 组相同,并将计算结果与本章计算公式进行了比较。

PBL 宽厚比改变试件 表 4.4

编　号	b_s (mm)	t_s (mm)	d (mm)	N_u (kN)	本书公式计算值 (kN)
SCC-30-4	90	3	70	6079	5981
SCC-30-6-(4)	90	4	70	6246	6130
SCC-30-6-(6)	90	6	70	6719	6394
SCC-30-6-(8)	90	8	70	6885	6626
SCC-30-6-(10)	90	10	70	6958	6835

由表 4.4 可以看出,随着加劲肋厚度的增大,承载力呈提高趋势,有限元计算值与本书计算公式计算值较为吻合,证明本书所提出的承载力计算公式正确。将 PBL 板厚变化与承载力变化绘图,如图 4.4 所示。由图 4.4 可以看出,随着 PBL 宽厚比的减小,极限承载力的提高趋势呈现先快后缓的趋势。关于加劲肋刚度的设计 Rhodes(1984 年)提出了加劲肋刚度应满足式(4.30):

$$I_s = 0.045\left(\frac{\omega}{t}\right)^2 \frac{f_y}{280} t^4 \tag{4.30}$$

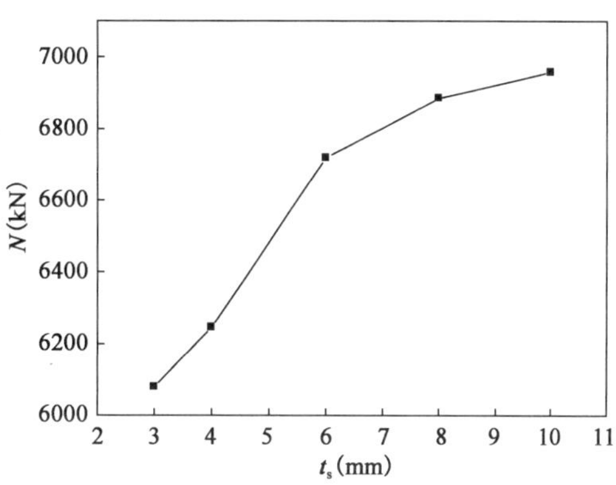

图 4.4　承载力随 PBL 厚度变化

文献[76]将其修正为公式:

$$I_s = 3.1 \times 10^{-4}\left(\frac{\omega}{t}\right)^{3.5} \frac{f_y}{280} t^4 \tag{4.31}$$

本书 30-3 组试件在设计时曾参考该计算公式,承载力没有明显提高的原因在于本书设计时仅通过增大加劲肋的高度,并没有考虑加劲肋的宽厚比的影响,参考文献[151]曾对加劲肋宽厚比进行了讨论,在设计时可以参考。钢管内填混凝土之后的屈曲系数 k 为 10.31,加劲肋能够代替内填混凝土支撑的作用而充分起到加劲作用,则即屈曲系数 $k > 10.31$。

当钢管的宽厚比

$$b/t \leqslant 0.65\sqrt{\frac{10.31\pi^2 E_s}{12 f_y (1 - \mu_s^2)}} \tag{4.32}$$

则需满足

$$k = \frac{2\sqrt{1 + \dfrac{2(1-\mu^2) t_w h^3}{bt^3}} + 2}{1 + \dfrac{h t_w}{bt}} \tag{4.33}$$

当钢管的宽厚比

$$b/t \geqslant 0.65\sqrt{\frac{10.31\pi^2 E_s}{12f_y(1-\mu_s^2)}} \tag{4.34}$$

则需满足

$$k \geqslant \left(\frac{1}{0.65}\right)^2 \frac{12(1-\mu_s^2)f_y}{\pi^2 E_s}\left(\frac{b}{t}\right)^2 \tag{4.35}$$

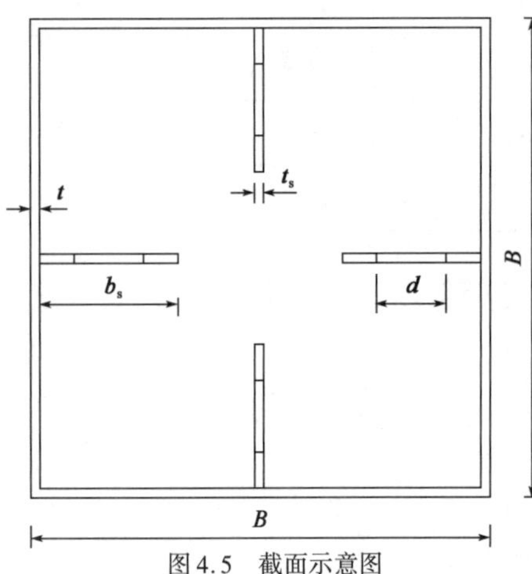

图 4.5　截面示意图

式中，E_s为钢管弹性模量；μ_s为钢材的泊松比；h 为加劲肋高度；t_w为加劲肋厚度；f_y为钢管屈服强度；b 为方钢管边长；t 为方钢管板厚。

4.4.3　开孔孔径

本书第 2 章分析了开孔孔径与混凝土提高系数的关系，认为开孔孔径为 $d/2$ 时较为理想，本小节以第一组试件和第二组试件的 30-8 组试件为基准，重新设计了一组试件，以验证开孔孔径变化对其承载力的影响，截面示意见图 4.5，材料设计参数如表 4.5 所示，并采用本章提出的承载力计算公式进行验证。

改变开孔孔径试件　　表 4.5

编号	B	f_y(MPa)	f_c(MPa)	b_s(mm)	t_s(mm)	d(mm)	N_u(kN)	本书公式计算值(kN)
SCC-1-1	300	376	35.1	80	4	20	5776	5782
SCC-1-2	300	376	35.1	80	4	30	5717	5740
SCC-1-3	300	376	35.1	80	4	40	5661	5698
SCC-1-4	300	376	35.1	80	4	50	5648	5655
SCC-1-5	300	376	35.1	80	4	60	5486	5611
SCC-1-6	300	376	35.1	80	4	70	5469	5565
SCC-30-7	300	424	43	90	8	30	9769	9340
SCC-30-8	300	424	43	90	8	45	9360	9263
SCC-30-(8)	300	424	43	90	8	55	9310	9284
SCC-30-9	300	424	43	90	8	70	9055	9128
SCC-30-10	300	424	43	90	8	80	8943	9094

由图 4.6 可以看出，随着开孔孔径的增大，承载力呈现下降的趋势，这与本书第 2 章的试验结果基本一致，从图中可以看出，开孔孔径在 $d/2$ 附近时有一个较为明显的“水平台阶”，如果继续扩大开孔孔径，承载力下降更为明显。从第 2 章试验结果分析及本小节有限元分析结果，认为开孔孔径在 $d/2$ 附件较为适宜，当然如需进一步明确开孔孔径与 PBL 钢板厚度及混凝土强度的关系，还需进一步研究。

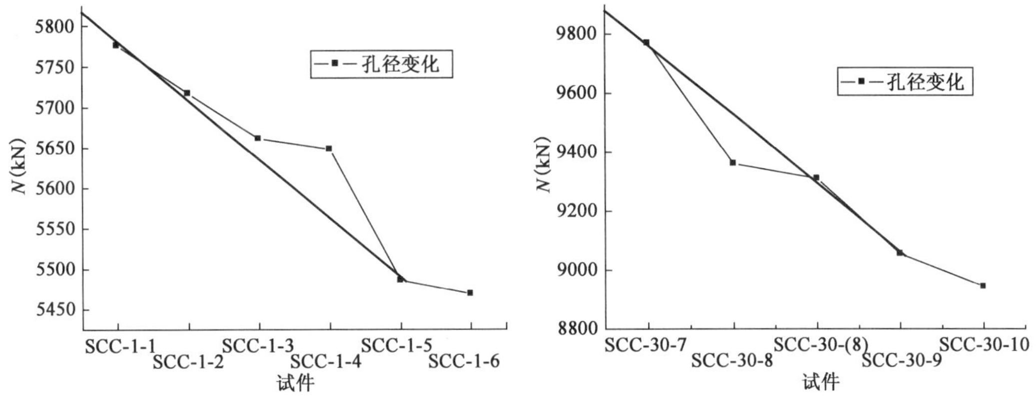

图4.6 孔径变化对承载力的影响

4.5 不同受力模式分析

对于钢管混凝土而言，比较担心的是钢管与混凝土之间的共同作用，也就是钢管混凝土的脱空问题，为此许多学者进行了研究[152-155]，本书中在钢管混凝土内部增设PBL的方法也就是基于增强钢管与混凝土组合作用提出的。为此，根据试验20-4组试件设计了一组考虑钢管与混凝土不同受力模式的试件，如表4.6所示，分析比较了方钢管混凝土是否脱空，以及在方钢管混凝土内部增设PBL之后钢管与混凝土是否脱空，钢管与混凝土的各自受力状态，四种不同受力模式如图4.7所示。因考虑钢管与混凝土的脱空，混凝土本构关系采用文献[156]的单轴应力—应变关系。

不同加载模式对比试件　　表4.6

编　号	B (mm)	t (mm)	f_y (MPa)	f_c (MPa)	d (mm)	N_u (kN)	受力模式	破坏模式
SCA-20-(1)	200	4	464	43.1	—	3292	a	混凝土先被压碎，之后钢管屈服
SCA-20-1	200	4	464	43.1	—	3538	b	钢管达到屈服同时混凝土压碎
SCC-20-(3)	200	4	464	43.1	30	4163	c	孔内混凝先破碎，最终钢管屈服混凝土破碎
SCC-20-3	200	4	464	43.1	30	4509	d	PBL、钢管屈服，混凝压碎

由表4.6可以看出，考虑钢管与核心混凝土是否黏结对极限承载力有一定影响，脱空之后试件SCA-20-(1)和SCC-20-(3)的承载力明显小于SCA-20-1和SCC-20-3。此外，钢管与混凝土的脱空与否也改变了试件的破坏模式。由图4.8可以看出，对于A类受力模式，钢管与混凝土单独受力，从开始加载，混凝土应变即大于钢管应变，而对于B类受力模式钢管与混凝土的应力—应变曲线基本一致。在钢管内部增设PBL之后，虽然钢管与混凝土没有黏

结，但是在弹性阶段钢管与核心混凝土的应变变化基本一致，说明荷载通过 PBL 有效传递给核心混凝土，当荷载接近 3000kN 左右时，钢管与混凝土的横向拉应变出现明显分叉，而纵向压应变基本还保持一致，此时钢管横向拉应变大于核心混凝土拉应变。

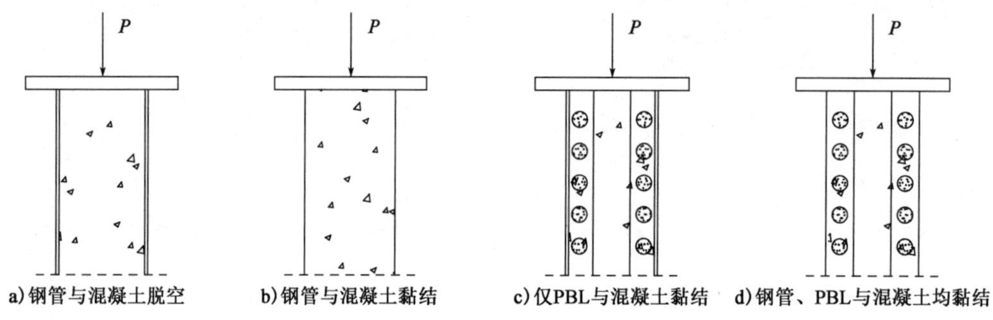

图 4.7　四种不同受力模式

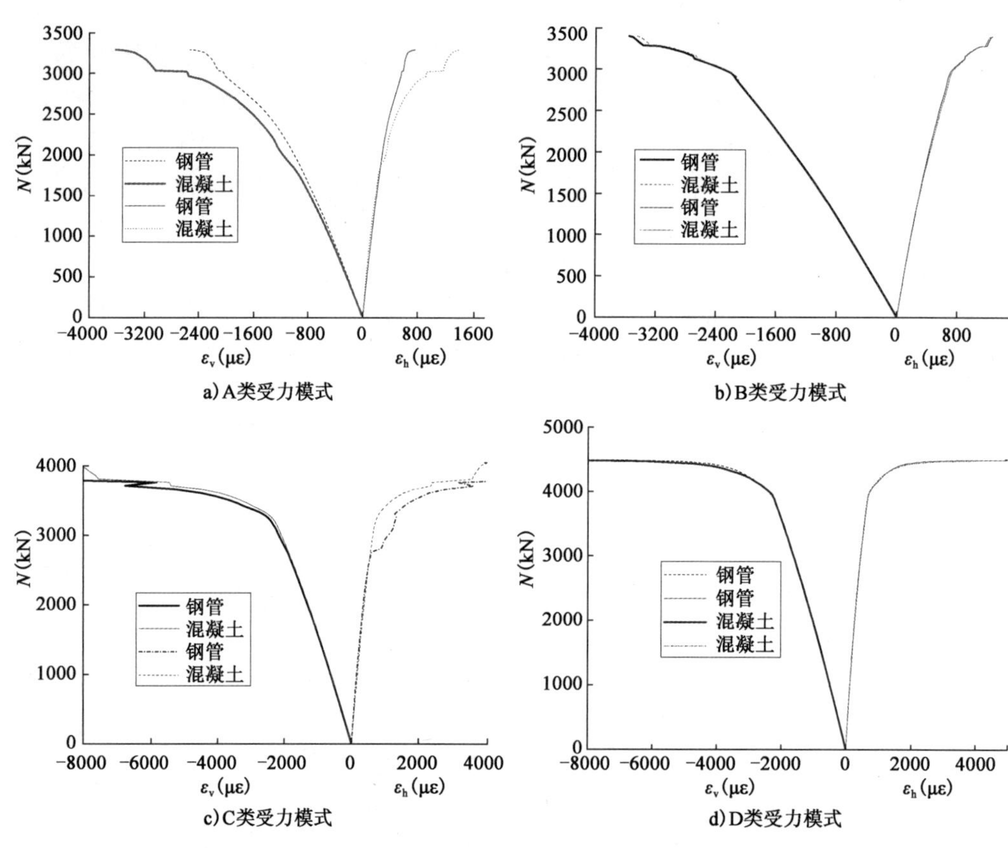

图 4.8　钢管与核心混凝土荷载—应变曲线

4.6　本章小结

本章在第 3 章有限元精确模拟的基础上，采用 ANSYS 有限元软件对 PBL 的相关参数进行了有限元研究，得到主要结论如下：

(1)根据叠加原理,基于试验,提出了适用于方钢管混凝土、设加劲肋钢管混凝土和 PBL 加劲型方钢管混凝土轴压短柱的统一轴压承载力公式,并与 ACI、BS5400、EC4、DJB13-51—2003、CECS 159—2004 等规范的计算值进行了对比,研究结果表明,对于 PBL 加劲型方钢管混凝土轴压短柱的承载力与 PBL 承载力折减系数和核心混凝土提高系数有关,本章计算公式与试验结果较为吻合,进一步解释了 C 类试件的受力机理。

(2)采用叠加原理,引入 PBL 修正系数,提出了适用于方钢管混凝土、设加劲肋钢管混凝土和 PBL 加劲型方钢管混凝土轴压短柱的轴压刚度统一计算公式,并与 CECS 28:90、JCJ 01—89、DL/T 5085—1999 进行了对比,研究结果表明,对于设加劲肋方钢管混凝土和 PBL 加劲型方钢管混凝土轴压短柱的轴压刚度计算采用本章计算公式与试验结果吻合较好。

(3)采用 ANSYS 有限元软件对开孔间距、PBL 宽厚比以及开孔孔径等参数进行了计算分析,研究结果表明:开孔间距大于 $2d$ 较为适宜;随着 PBL 厚度的增大,极限承载力的提高趋势呈现先快后缓的趋势,PBL 设计应满足一定的宽厚比要求;开孔孔径对承载力影响较为敏感,建议开孔孔径等于 $b_s/2$。

(4)不同受力模式下有限元分析结果表明:钢管与混凝土脱空之后,极限承载能力有一定下降,在钢管混凝土内部增设 PBL 可以有效增强钢与混凝土的组合作用,弹性阶段钢管与混凝土变形协调。

第 5 章　PBL 加劲型方钢管混凝土轴压长柱试验研究

5.1　概述

在第 2 章内容中，专门研究了 PBL 加劲型方钢管混凝土轴压短柱的力学性能。研究结果表明，PBL 加劲型方钢管混凝土轴压短柱试件发生的均是强度破坏，PBL 在满足一定刚度的前提下可以有效加劲钢管管壁，有效防止钢管的局部屈曲，方钢管、PBL 和核心混凝土能够协同工作，具备良好的轴压刚度，PBL 在方钢管混凝土柱中的置入，使得柱的承载力和延性都有了不同程度的提高。然而在桥梁工程中，使用这种组合柱时，由于组合柱具有较高的承载能力，因此柱的横截面面积会较小，柱的长细比往往较大，作为结构体系的主要承受构件，长柱的应用范围也十分广泛，承受着各种不同的荷载。当长细比超过一定界限长细比时，其承载能力通常不取决于强度而是取决于稳定。这种稳定问题的产生是由于柱子存在一些初始缺陷，例如初弯曲、初偏心以及材料的不均匀性等，因此理想的轴心受压柱是不存在的。为了进一步研究 PBL 加劲型方钢管混凝土轴压长柱的受力性能，进一步推广这种新型钢管混凝土柱，满足实际工程设计的需要，本章对 PBL 加劲型方钢管混凝土轴心受压长柱的稳定性能进行了试验和理论研究。试验之前，用超声波法对 PBL 加劲型方钢管混凝土轴压长柱内的内填混凝土质量进行了检测。最后在试验研究和理论分析的基础上，结合我国现有的《矩形钢管混凝土结构技术规程》(CECS 159—2004)规范提出了适用于 PBL 加劲型方钢管混凝土轴压长柱的稳定承载力实用计算公式，该计算公式可为设加劲肋方钢管混凝土轴压长柱和 PBL 加劲型方钢管混凝土轴压长柱的工程设计提供参考。

5.2　试验方法

5.2.1　长柱试件的设计制作

长柱采用与短柱 SCC-20-3 试件相同的截面形式，截面尺寸为 200mm × 200mm 的正方形，钢管及 PBL 的厚度均为 4mm，内置的 PBL 为开孔直径 30mm，开孔间距为 100mm 的开孔钢板，具体截面尺寸如图 5.1 所示。

长柱钢管的制作加工过程与短柱基本相同，不同之处在于因试件长度原因，在四面拼装焊接时，有一面只能采用单面焊接。在形成的空钢管一端焊接下盖板，之后灌注混凝土，在灌注混凝土时，为了灌注混凝土密实，将钢管直立摆放，从钢管顶部分层灌注混凝土，在钢管外部采用木槌侧击，在钢管内部采用振捣棒振捣。待混凝土灌满、养护和打磨平整之后再焊接上部盖板，盖板和钢管的几何中心对中。

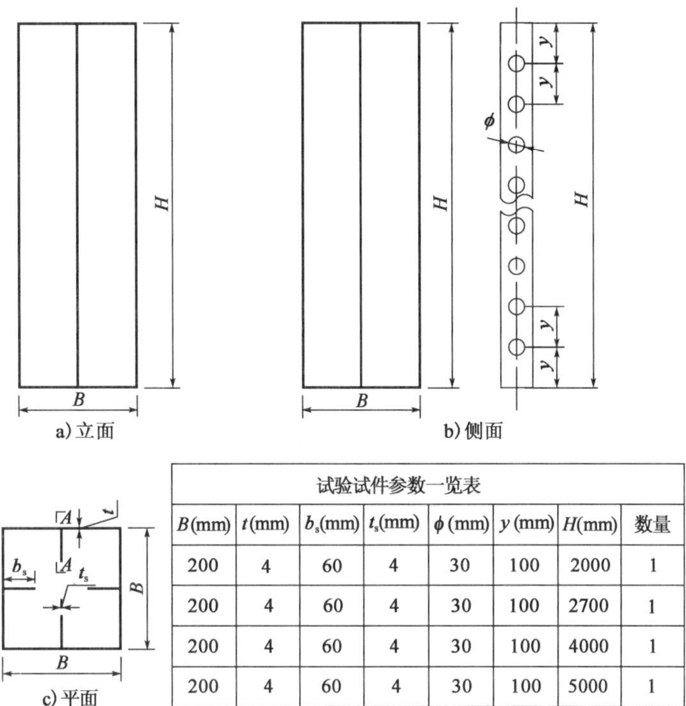

试验试件参数一览表							
B(mm)	t(mm)	b_s(mm)	t_s(mm)	ϕ (mm)	y (mm)	H(mm)	数量
200	4	60	4	30	100	2000	1
200	4	60	4	30	100	2700	1
200	4	60	4	30	100	4000	1
200	4	60	4	30	100	5000	1

图 5.1　长柱试验试件尺寸

5.2.2　长柱试件的基本参数

长柱采用的钢材与混凝土配合比等材料参数均与短柱相同，各长柱的基本参数如表 5.1 所示；为了系统研究这种长柱的力学特性，将文献[108][76]中进行的试验一并列于表中进行分析。由表 5.1 中可知，本书试验所用试件的含钢率相比文献[108]、[76]要高。

PBL 加劲型钢管混凝土长柱参数　　表 5.1

类型	编　号	L(mm)	f_y (MPa)	f_c (MPa)	A_s (mm^2)	A_c (mm^2)	α(%)	λ_0	N_u (kN)	$N_{计算}$ (kN)
文献[108]	LC200-3-1	1958	373.1	24.91	1481.3	38519	3.85	57.7	1350	1328
文献[76]	SCFT1-1	1190	270	44.31	2350.0	37650	6.24	20.6	2640	2401
	SCFT2-1	2340	270	44.31	2350.0	37650	6.24	40.5	2455	2219
	SCC-20-3	600	464	43.10	3616.0	36384	9.94	10.4	3955	4509
本书	LC-20-1	2400	464	43.10	3616.0	36384	9.94	41.6	4514	4402
	LC-20-2	2700	464	43.10	3616.0	36384	9.94	46.8	4595	4321
	LC-20-3	4000	464	43.10	3616.0	36384	9.94	69.3	4275	4148
	LC-20-4	5000	464	43.10	3616.0	36384	9.94	86.9	3920	4000

注：SC 为内填混凝土短柱试件；LC 为内填混凝土长柱试件。试件编号(LC-××-×××)：××代表试件的钢管尺寸，×××为试件编号；SCC-20-3 为有限元计算结果。

5.2.3 试验加载与测试

试验在中交第一公路勘察设计研究院有限公司结构试验大厅 25000kN 长柱试验机上进行。为了测量试件的轴向总变形，在试验机加载端沿试件轴向对称布置了两个大量程的位移计，同时为了测量试件的侧向弯曲挠度，沿试件高度方向的 1/4 截面、1/2 截面和 3/4 截面处布置了侧向位移计，每个截面在 4 个壁板均布置位移计。为了测量钢管的局部应变，在试件表面的 1/4 截面、1/2 截面处粘贴若干纵、横向应变片。试验加载装置和测点布置如图 5.2 ~ 图 5.5 所示，为了保证试件处于轴心轴压，每次正式加载之前首先对试件进行几次预压，根据纵向应变片的测试结果调整试件的位置，因试件高度较高，初始几何缺陷无法避免，只能尽可能做到轴心轴压。位移和应变的试验数据由 TDS 303 静态数据采集仪进行实时采集，极限荷载由压力试验机提供。

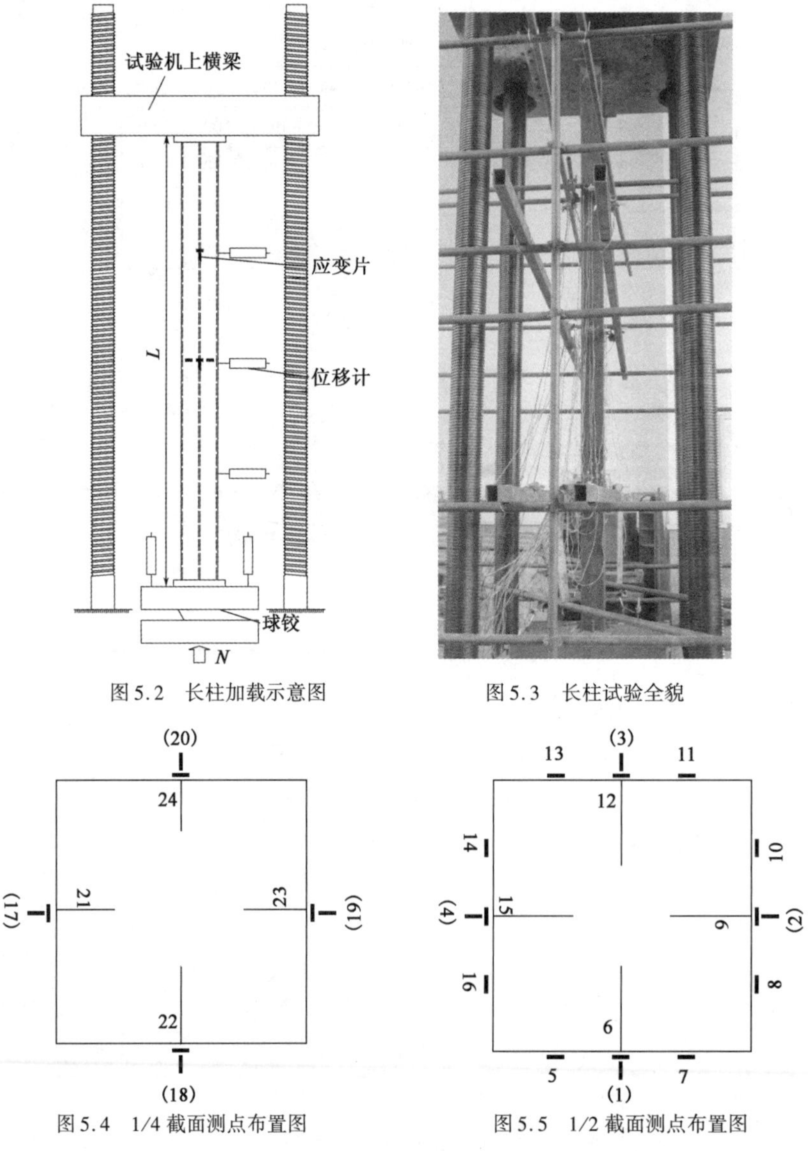

图 5.2 长柱加载示意图

图 5.3 长柱试验全貌

图 5.4 1/4 截面测点布置图

图 5.5 1/2 截面测点布置图

试验采用分级加载的制度，首先预估试件的极限荷载，在预估极限荷载的弹性范围内加载时，加载的每级荷载约为200kN，每级荷载持荷约2min，当试验加载的试验机上的荷载—位移曲线进入非线性阶段后，试件出现轻微弯曲钢管开始屈服，采取慢速连续加载，动态实时采集数据，当试件的承载力急剧下降至极限荷载的75%或弯曲变形十分严重时，停止试验。

5.3　混凝土质量的超声波检验

因本次试验中试件长细比较大，其中最长的试件达到5m，长细比接近87，而在浇筑混凝土时都是从钢管的上端倒入，虽然经过插入式振捣棒的振捣，但仍然存在钢管、PBL与混凝土之间不密实和混凝土分层离析的危险。为了检验钢管、PBL与内部混凝土之间的密实度和混凝土是否出现了分层离析，对管内混凝土的浇筑质量采用超声波进行了检测。

5.3.1　PBL 加劲型方钢管混凝土柱的超声波检测原理

PBL加劲型方钢管混凝土柱超声波检测的原理是利用发射换能器在方钢管外壁发射高频振动，高频振动经方钢管、PBL和混凝土传向对边相应位置处的接收换能器，如图5.6所示。PBL加劲型方钢管混凝土柱是方钢管、核心混凝土和PBL组成的组合构件，当发射的高频振动超声波通过构件时，由于钢材的性能一般较为稳定，所以其通过的波形、振幅和速度等参数的变化主要是由浇筑混凝土的密实度、均匀性和局部缺陷等原因引起的，因此检测PBL加劲型方钢管混凝土试件内混凝土的缺陷和强度采用超声波是可以的。大量的测试结果表明[3]，多石少浆区与多浆少石区的波形都属于正常无畸变波形，首波幅值大。但从传播速度看，超声波在多石少浆区的传播速度明显高于多浆少石区。这是因为超声波通过水泥石的传播速度比通过集料的传播速度小，水泥浆集中区的传播速度比集料集中区的传播速度小，因此可以利用传播速度的标准差 S_V 和变异系数 C_V[157] 来判断浇筑的混凝土是否出现质量问题。

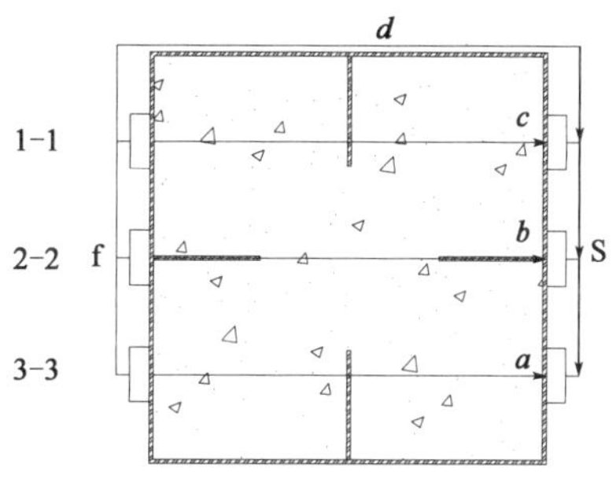

图5.6　超声波检测钢管混凝土柱示意图
f-发射换能器；S-接收换能器

按图5.6所示的路径 a、b、c 进行PBL加劲型方钢管混凝土柱的超声波检测，必须满足超声波通过路径 d 沿管壁到达接收换能器的时间 T_2 大于超声波穿过PBL加劲型方钢管混凝土柱1－1、2－2、3－3三个断面的路径 a、b、c 时到达接收换能器的时间 T_1。满足这个条件才能使得到达接收换能器的首波真实反映管内混凝土的浇筑质量，否则对PBL加劲型方钢管混凝土构件进行超声波检测将无法完成。为了比较 T_2 和 T_1，应首先了解在钢材和混凝土中超声波的传播方式。

采用超声波进行PBL加劲型方钢管混凝土长柱检测时，因为超声波的纵波和横波传输速度并不相同，为此应首先了解超声波传递时的纵波和横波。纵波是波的传播方向和弹性介质质点的振动方向相同的弹性波，它使弹性体内产生交替的伸长和压缩变形，并在弹性体内沿波的传播方向产生拉、压应力[158]。横波也被称为切变波，是指波的传播方向和弹性波质点的振动方向垂直，其形成是由于固体介质受到交变剪切力作用而产生的剪切变形。根据纵、横波的特性及折射原理可知,沿路径 a、b、c(图 5.6)传播的波属于纵波,沿路径 d(图 5.6)传播的波属于横波。

超声波测试室内空钢管和钢板的研究结果表明[158-159]:钢管的横波传播速度 V'_t 为 3256m/s,钢管的纵波传播速度 V_t 为 5224m/s,钢板的纵波传播速度 V_s 为 5265m/s。超声波在正常混凝土中的传播速度 V_c 介于钢材的横波传播速度和纵波传播速度之间,其变化范围大致为 3600 ~ 4800m/s[159],所以 $V'_t < V_c < V_t \approx V_s$。由图 5.6 可知,路径 a、b、c 的传播距离小于路径 d,同时沿路径 d 传播的波为横波,其传播速度 V'_t 是最小的,所以如果管内浇筑的混凝土与钢材之间黏结良好且是密实的,用超声波检测时接收换能器接收的信号的首波就是沿路径 a、b、c 传播的纵波。因此,采用超声波检测 PBL 加劲型方钢管混凝土柱中核心混凝土的浇筑质量及与钢材的黏结好坏是可行的。测试时,每个断面测试三个测点,每个测点测试三次,如图 5.6 所示。

5.3.2 检测方法

根据《超声法检测混凝土缺陷技术规程》(CECS 21—2000)的规定[157],检测时测点间距选为 200mm。为保证检测的准确性,在检测之前用直尺对测点位置进行精确定位。在检测时,首先在发射换能器和接受换能器表面涂抹黄油进行耦合,然后用超声波穿透法,由康科瑞 NM-4A 非金属超声检测分析仪发射和接收超声波。检测仪器及测试现场照片如图 5.7 所示。

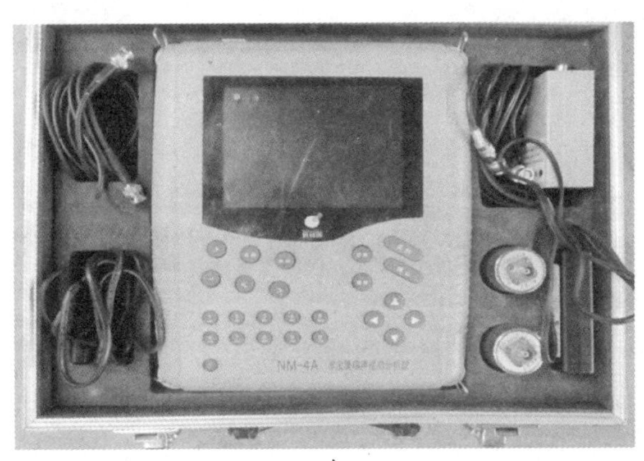

a)

b)

图 5.7 检测仪器及检测照片

5.3.3 检测结果分析

根据图 5.6,超声波通过 PBL 加劲型方钢管混凝土组合柱时的时间 T_1 可表示为:

$$T_1 = 2t/V_t + h/V_s + (B - h - 2t)/V_c \tag{5.1}$$

式中,B 为方钢管的外边长;t 为钢管及 PBL 壁厚;h 为超声波穿过 PBL 的距离(PBL 的高度或者厚度);V_c 为核心混凝土的传播速度;V_s 为 PBL 的纵波传播速度;V_t 为钢管的纵波传播速度。式(5.1)中 V_c 是未知,整理后得到:

$$V_c = \frac{B - h - 2t}{t_1 - 2t/V_t - h/V_s} \tag{5.2}$$

由式(5.2)可以求得每个测点处管内混凝土的传播速度。根据《超声法检测混凝土缺陷技术规程》(CECS 21—2000)的规定[157],可对测得的数据采用概率统计的方法进行分析,其中传播速度的平均值 m_V、标准差 S_V 和变异系数 C_V 的计算公式分别为:

$$m_V = \sum V_{ci}/n \tag{5.3}$$

$$S_V = \sqrt{(\sum V_{ci}^2 - n \cdot m_V^2)/(n-1)}\ \sqrt{2} \tag{5.4}$$

$$C_V = S_V/m_V \tag{5.5}$$

式中,V_{ci}为第 i 个测点的混凝土传播速度测量值;n 为测点个数。所有试件的传播速度测量值及分析结果在表 5.3 中列出。根据文献[158,160]提供的混凝土质量分类标准,混凝土质量的好坏大致可以分为五类,如表 5.2 所示。

混凝土质量分类标准　　表 5.2

质量标准	优质	良好	可疑	较差	极差
变化范围(m/s)	>4120	3300 ~ 4120	2750 ~ 3300	1920 ~ 2750	<1920

由表 5.2 可以看出,当传播速度大于 4120m/s 时,混凝土质量为优质;当传播速度介于 3300 ~ 4120m/s 时,混凝土质量为良好;当传播速度介于 2750 ~ 3300m/s 时,混凝土质量为可疑;当传播速度介于 1920 ~ 2750m/s 时,混凝土质量为较差;当传播速度小于 1920m/s 时,混凝土质量极差。

根据表 5.3 计算 LC-20-1 ~ LC-20-4 四个试件的 B 测点处的传播速度标准差 S_V 分别为 116、144、160、241,变异系数 C_V 分别为 0.03、0.03、0.03、0.05,A、C 测点处的标准差 S_V 为 271、458、301、342,变异系数 C_V 分别为 0.08、0.11、0.08、0.09。根据表 5.2 标准可以评定,核心混凝土的质量均匀性良好,PBL 与混凝土能够很好黏结,没有出现分层离析现象。

超声波检测结果分析(单位:m/s)　　表 5.3

试件编号	测点间距	测点数	B 测点处传播速度	A、C 测点处传播速度(两测点均值)
LC-20-1	500	4	4386,4587,4630,4630	3347,3891,3351,3713
LC-20-2	450	6	4587,4464,4587,4630,4630,4902	3584,3363,4591,4232,3624,3819
LC-20-3	400	10	4464,4545,4464,4587,4386,4854,4630,4630,4854,4850	3510,3833,3941,4169,3661,4116,4078,4135,3537,3345
LC-20-4	410	12	3968,4505,4202,4717,4310,4167,4587,4630,4587,4545,4673,4673	4247,3359,3651,3650,3542,3346,3482,3902,3825,4153,4121,4289

5.4　试验结果分析

5.4.1　破坏模式

图 5.8 给出了所有长柱试件的破坏形态。由图中可以看出,试件发生的是由于局部弯曲引起的整体弯曲失稳破坏模式,破坏位置在柱子中部或者柱子中部与四分点之间。当荷载达到极限承载力时,在柱子中部或者接近柱子中部的某侧钢管首先出现壁板的微曲,随着荷载的不断增加,其余各面钢板的不同位置处开始陆续出现屈曲,钢板屈曲的形式为“双波”屈曲,PBL 加劲部位没有明显鼓曲。达到极限承载能力之后,承载能力下降速度较快,并伴

随着柱子中部或柱子中部与四分点位置弯曲变形而引起整体失稳。在荷载下降段,LC-20-1 柱角楞边出现钢板焊接部位开裂的现象,如图 5.8a)所示。

a)LC-20-1　b)LC-20-2　c)LC-20-3　d)LC-20-4

图 5.8　长柱试件破坏图

试验完成之后,将试件局部弯曲的位置切开,发现 PBL 与混凝土黏结良好,未出现 PBL 与混凝土剥离现象,试件切割之后如图 5.9 所示:壁板与混凝土大部分黏结良好,只在壁板局部鼓曲的部位壁板与混凝土已经分离,同时受压区混凝土被压碎,受拉区混凝土布满裂缝。

5.4.2　钢管混凝土轴压长柱 N-Δ 曲线

5 个轴压长柱试件的荷载—位移关系曲线如图 5.10 所示。由图中可以看出,所有试件在达到极限荷载后,均出现了明显的下降段,除了试件 LC-20-4 在加载过程中出于安全考虑,试件出现明显弯曲停止加载外,其余试件的荷载—轴向变形关系曲线大致可以分为四个阶段:第一阶段弹性阶段,在这个阶段中,试件的位移与荷载保持线性增长关系,位移随着荷载的增大不断增大;第二阶段弹塑性阶段,在这个阶段,试件的位移与荷载不再保持特定的线性增长关系,位移持续增大,非线性特征明显;第三阶段试件的下降阶段,试件的承载能力迅速减小,变形不断增大;第四阶段残余承载力阶段,残余承载力趋于平稳,变形继续增大,承载力下降速度变慢,表现出良好的后期承载能力和延性。试验结果表明,影响PBL 加劲型方钢管混凝土轴压长柱极限承载力的主要因素是长细比,随着长细比的逐渐增大,其承载能力总体呈现下降趋势。此外,试件在破坏时表现出良好延性表明,试件由短柱的材料强度破坏转向了非弹性的失稳破坏,钢管表面此时的平均纵向应变均已经超过屈服应变。

a) LC-20-4受压区

b) LC-20-4受拉区

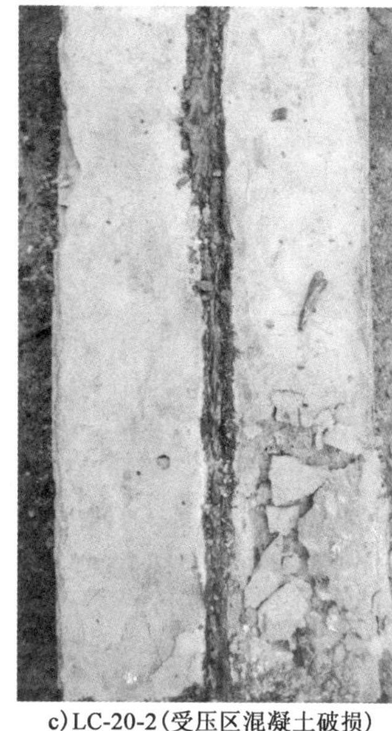

c) LC-20-2(受压区混凝土破损)

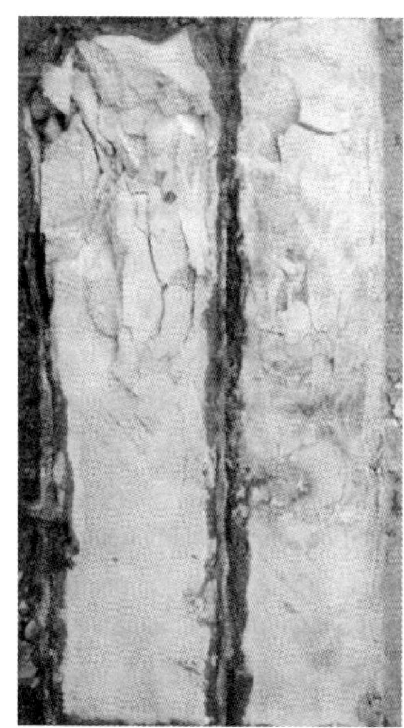

d) LC-20-1局部屈曲图

e) LC-20-3局部屈曲图(受拉区)

图 5.9　剖切完试件局部破坏图

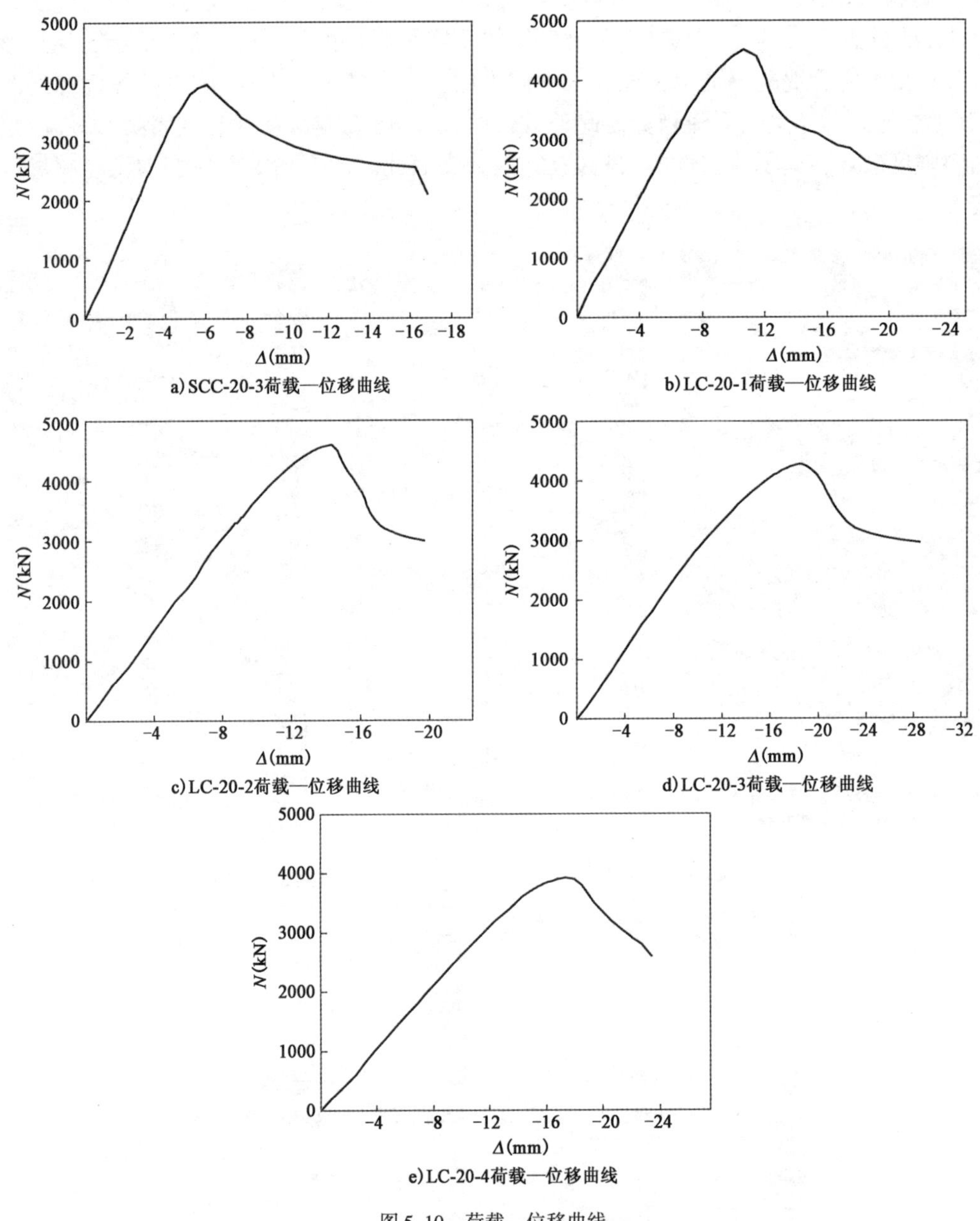

图 5.10 荷载—位移曲线

由图 5.10 中还可以得出，试件 LC-20-1 的极限承载力比轴压短柱试件 SCC-20-3 的极限承载力大 14% 左右，存在误差的原因主要有：①SCC-20-3 试件加工制作误差，将 SCC-20-3 与同一组试件对比，承载力偏低，经有限元计算分析，其试验极限承载力也是偏低；②轴压短柱试验是在 1000t 试验机上进行试验，而长柱试验在 2500t 试验机上进行试验，长柱试验的极限荷载不足试验机量程的 1/5，试验机测试出的极限承载力可能存在较大偏差；③轴压短柱试验与轴压长柱试验之间存在几个月的时间差，轴压长柱试验要晚于轴压短柱，混凝土强度由于收缩徐变等影响可能又有一定程度的提高。

5.4.3　各级荷载作用下 N-f 曲线

本次试验长柱试件在不同荷载作用下的荷载—挠曲变形的发展情况如图 5.11 所示。图中纵坐标为各测点距柱底部的相对高度(h/L),横坐标为试件在加载过程中不同位置处的侧向挠度。由图 5.11 可见,虽然经过了严格的几何和物理对中,但是由于加工制作误差、材料不均匀性及加载时的初始偏心等因素的影响使得轴心受压长柱试件从开始加载就产生了侧向的挠度,并非突然产生的“失稳”,这说明轴心轴压构件的初始缺陷是无法避免的,而且随着长细比的增大,柱子的初始缺陷的影响可能越大。

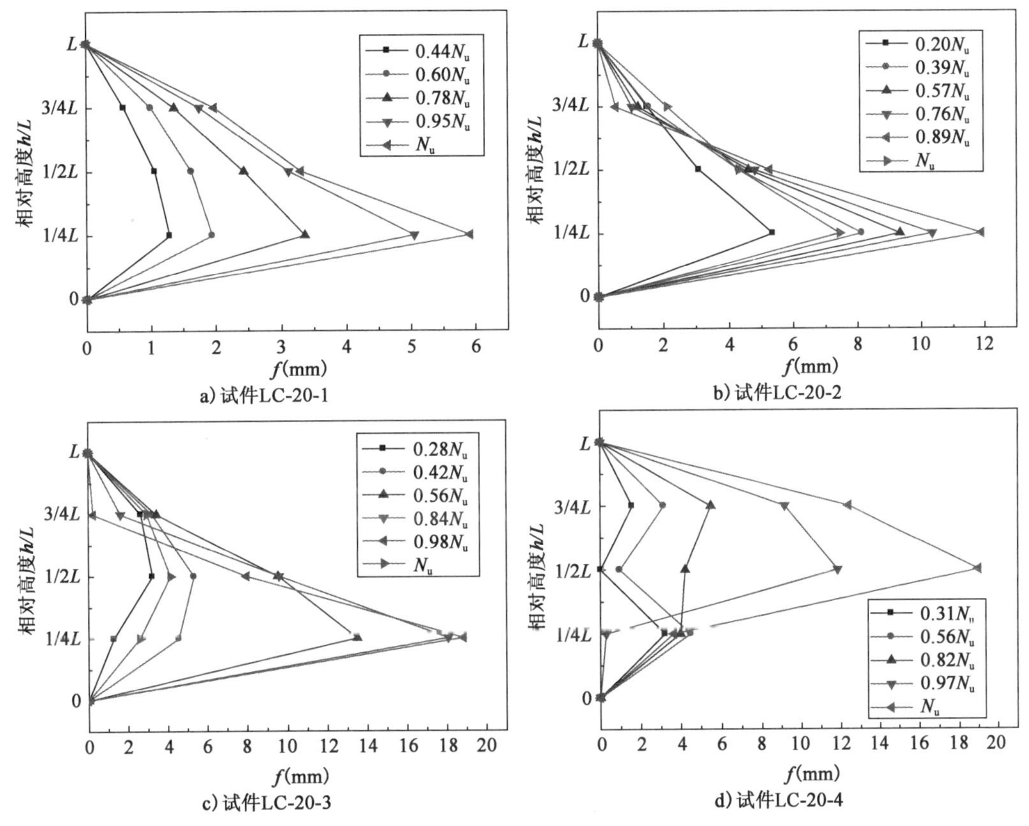

图 5.11　荷载—侧向挠度曲线图

由图 5.11 还可以看出,随着荷载的不断增加 1/2 截面处侧向挠度逐渐增大,在加载初期,各试件侧向挠曲线的形状如同大多数普通钢管混凝土长柱试验结果一样[161-163],上下两端呈现出挠度不对称,甚至呈 S 形,这一现象于其他学者有关钢管混凝土轴压长柱的试验结果基本一致[1,3,161-170],其原因可能是试件材料的不均匀性、加载边界条件以及加载扰动等因素引起的。

5.4.4　钢管混凝土轴压长柱 N-ε 曲线

图 5.12 为本次试验轴压长柱 1/4 断面和 1/2 断面的荷载—应变曲线,N 为试件外荷载,ε_v 为试件的纵向压应变,ε_h 为试件的横向拉应变。由图中可以看出,长柱试验的荷载应变曲线发展规律与短柱试验的颇为相似,但由于初始几何缺陷的存在,试件在不同截面的纵横向

应变从开始加载即出现“分叉”，加载到 N_u时，部分测点应变出现“负”增长或者是应变出现急剧的减小，甚至有部分测点出现了拉压应变的变化，这是由于试件在达到极限荷载时变的极其不稳定，最终导致弯曲失稳破坏。

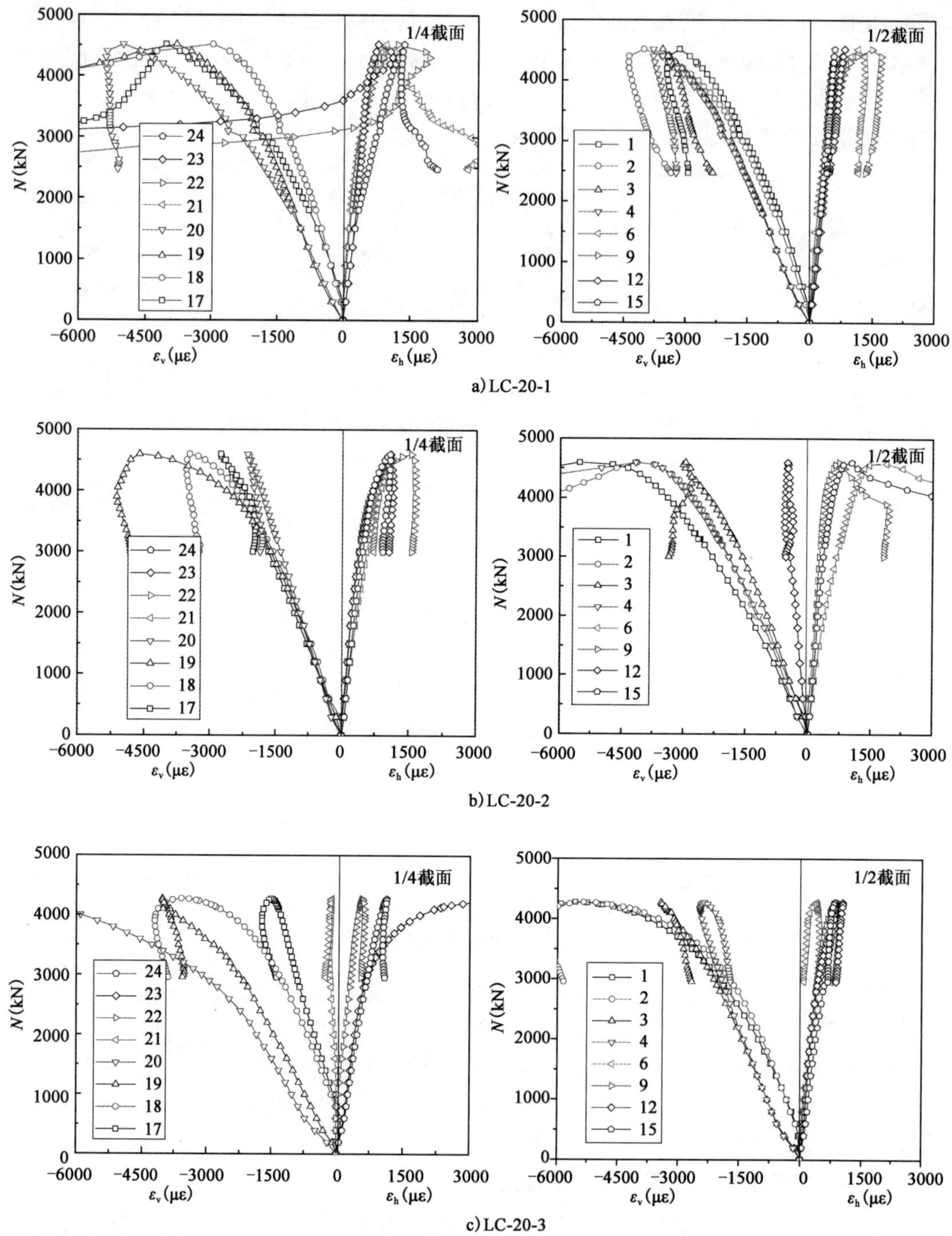

a) LC-20-1

b) LC-20-2

c) LC-20-3

图 5.12

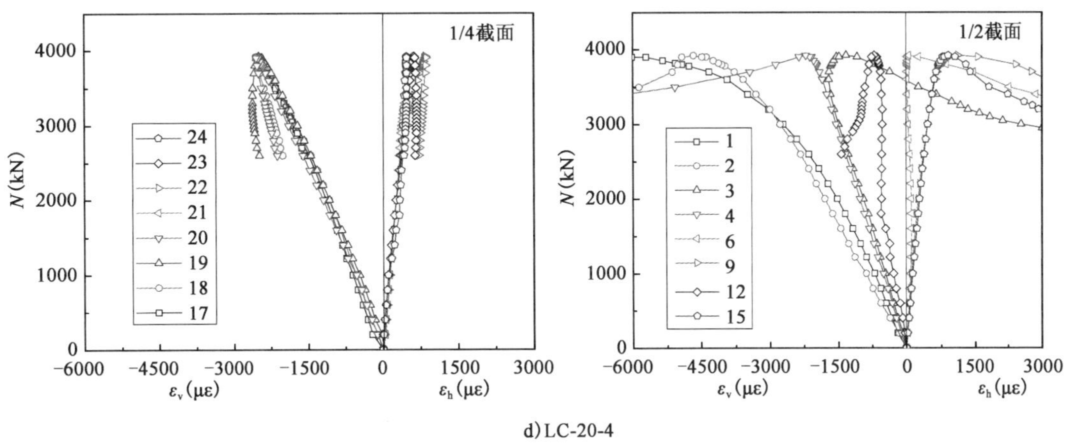

d)LC-20-4

图 5.12 荷载—应变曲线

5.4.5 各级荷载作用下 N-ε_v 曲线变化

图 5.13 给出了试件 LC-20-1、LC-20-2 和 LC-20-3、LC-20-4 在不同加载过程中沿不同截面方钢管纵向应变的变化情况。由图中可以看出，试件在加载的初期阶段，钢管截面基本保持相同的变形，符合平截面假定。由图中还可以看出，在加载初期各试件同一截面处测点的应变值并不是完全相等的，这种不均匀性随着荷载的增加，表现得越来越明显。接近极限荷载时，试件一侧的压应变迅速减小而另一侧的压应变则会迅速增大，这说明试件已经发生了侧向的弯曲。由图中还可以看出，在达到极限荷载时，4 根试件的平均纵向应变均达到了钢材的屈服应变，因此试件的破坏应属于非弹性弯曲失稳破坏，但是长细比较大的试件 LC-20-3 和 LC-20-4 达到极限荷载时的截面纵向应变明显小于试件 LC-20-1 和 LC-20-2 的纵向应变。这表明破坏时试件的塑性变形随着长细比的增大而逐渐减小，柱子将由短柱的材料强度破坏转变为非弹性的弯曲失稳破坏，当长细比达到一定的限值后，将会发生弹性失稳破坏。

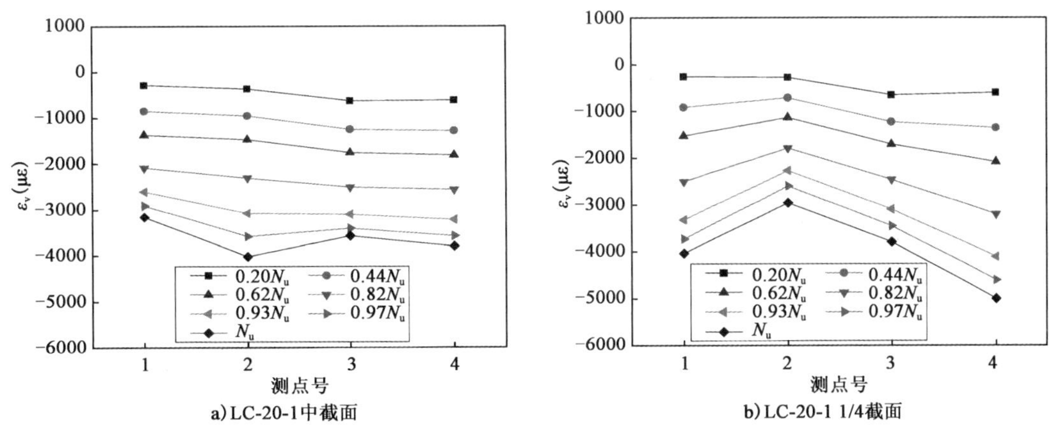

a)LC-20-1中截面　　b)LC-20-1 1/4截面

图 5.13

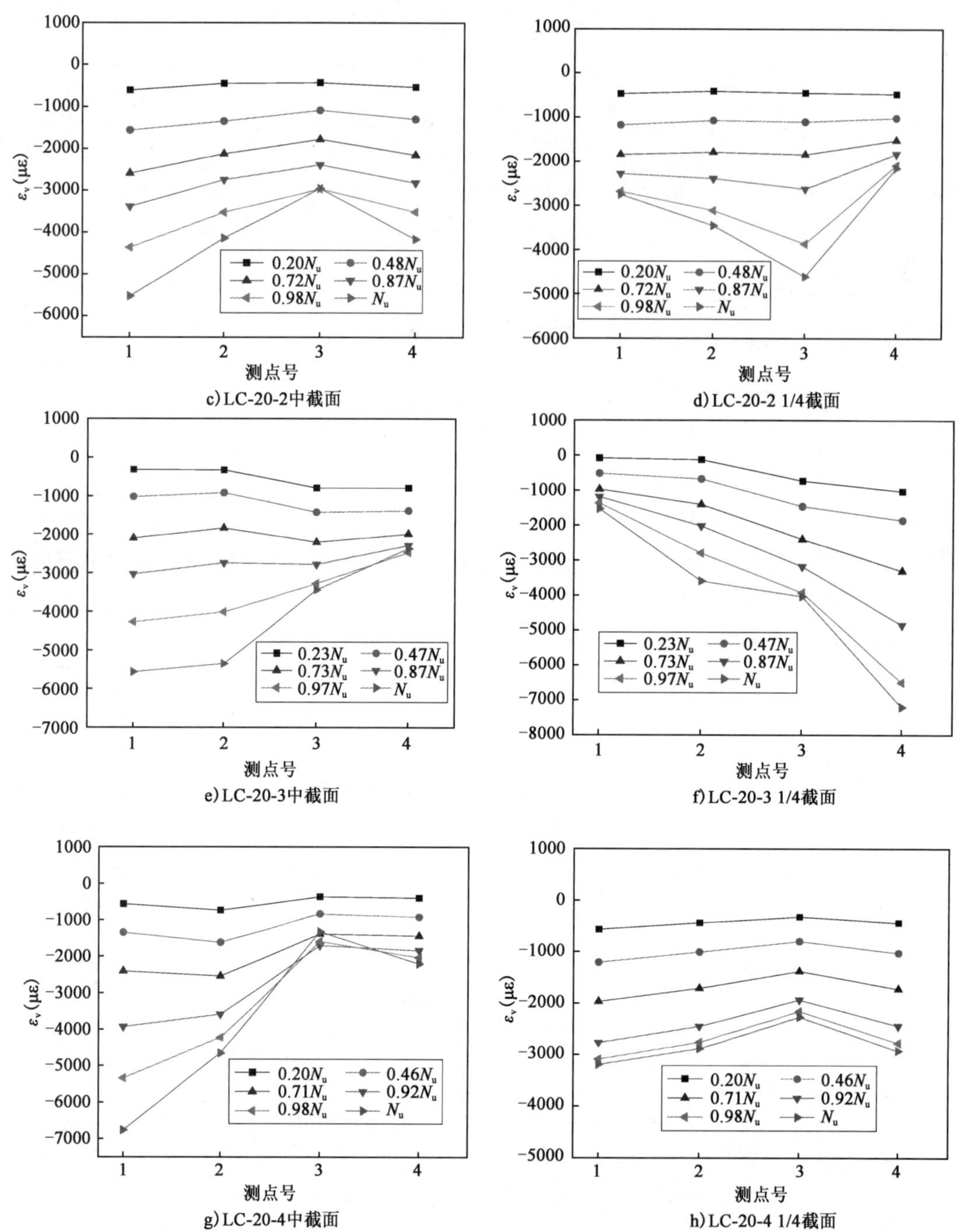

c) LC-20-2中截面 d) LC-20-2 1/4截面

e) LC-20-3中截面 f) LC-20-3 1/4截面

g) LC-20-4中截面 h) LC-20-4 1/4截面

图 5.13 试件在各级荷载作用下的纵向应变

5.4.6 各级荷载作用下钢管中部 N-ε_h 曲线

为了测量轴向压力作用下试件 1/2 截面处钢管的约束变形情况，在试件的 1/2 截面处钢管管壁外表面均匀布置 12 个横向应变片。图 5.14 给出了不同加载阶段长柱试件 1/2 截面处荷载—横向应变（N-ε_h）关系图，需要说明的是图中是以极坐标系的形式给出的。从图中可以看出，在加载初期试件 1/2 截面处的钢管横向应变近似于“圆形”分布，各横向应变测点随着荷载的不断增大出现明显差异，总体趋势是一侧横向应变继续增大，一侧横向应变增长放缓，且随着试件长细比的变化，这种变化尤其剧烈。当加载到极限荷载时，由于试件已经弯曲，1/2 截面处的钢管四边对管内混凝土的套箍约束效应非常不均匀。

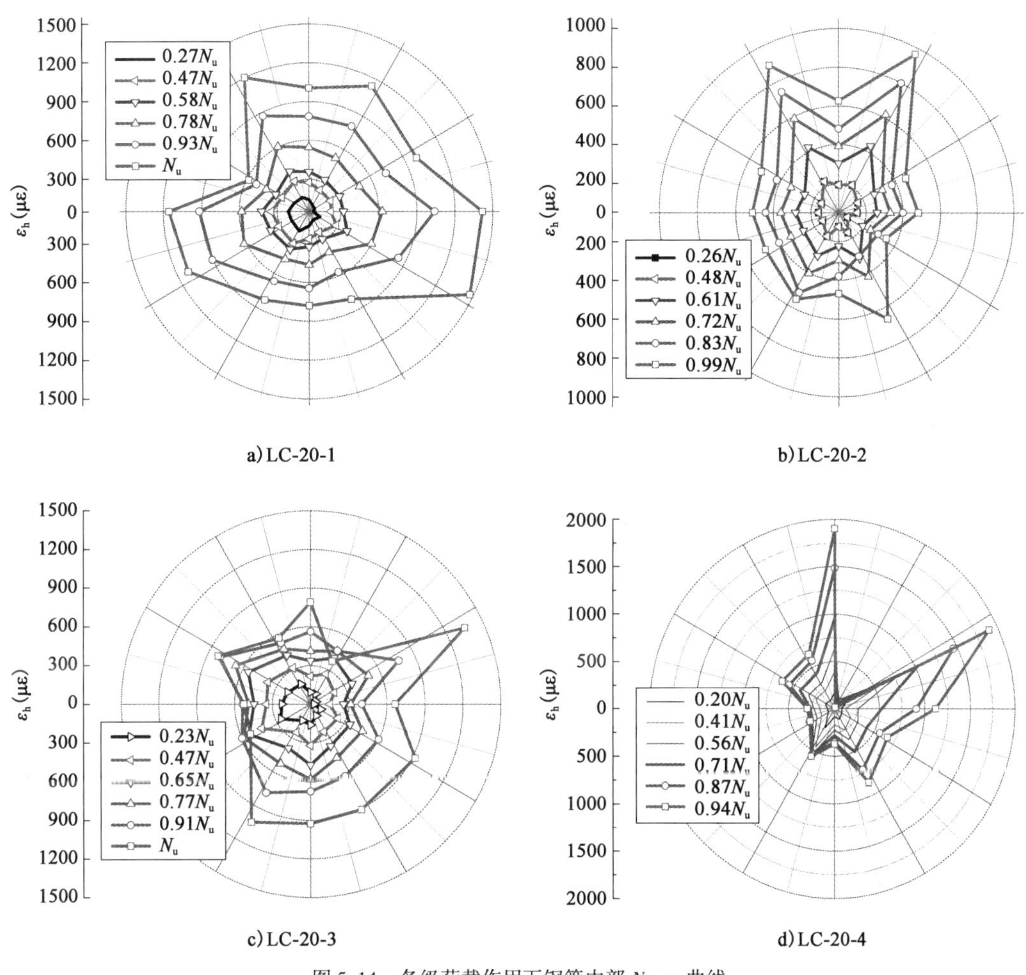

a) LC-20-1　　b) LC-20-2

c) LC-20-3　　d) LC-20-4

图 5.14　各级荷载作用下钢管中部 $N-\varepsilon_h$ 曲线

5.5　轴压组合柱稳定承载力计算

实际的工程结构中，理想的轴心轴压构件是不存在的，通常均存在构件的初始弯曲与荷载的偶然偏心。目前，国内外相关规范中关于方钢管混凝土组合长柱轴压稳定承载力的计算，通常采用的方法是在短柱轴压承载力 N_0 计算的基础上乘以一个稳定系数 φ，即

$$N_u = \varphi N_0 \tag{5.6}$$

但是各国规范在确定稳定系数 φ 时，采用了不同的计算方法。其中我国《矩形钢管混凝土结构技术规程》(CECS 159—2004)[136] 规程是通过引入方钢管混凝土柱的相对长细比 $\bar{\lambda}$，使轴心受压方钢管混凝土的屈曲曲线与轴压钢柱的屈曲曲线一致，然后由钢柱的 $\varphi-\bar{\lambda}$ 曲

线,来确定方钢管混凝土组合柱的稳定系数。由于该方法具有较强的适用性,为此本书借鉴了这种方法来计算PBL加劲型方钢管混凝土柱的稳定系数,公式推导过程如下:

定义相对长细比 $\bar{\lambda}$ 为:

$$\bar{\lambda} = \sqrt{\frac{N_0}{N_{cr}}} \tag{5.7}$$

根据第2章的研究结果,对PBL加劲型方钢管混凝土短柱,N_0 可用下式计算:

$$N_0 = A_s f_y + \gamma_s A'_s f'_y + \gamma_c A_c f_c \tag{5.8}$$

式中,A_s、A'_s、A_c 分别为钢管、PBL和管内混凝土的截面面积;f_y、f'_y分别为方钢管和PBL的屈服强度;f_c 为混凝土的轴心抗压强度。

根据弹性稳定理论可知,PBL加劲型方钢管混凝土轴心受压构件的欧拉临界力为:

$$N_u = \frac{\pi^2}{L_0{}^2}(E_c I_c + E_s I_s + E'_{sc} I'_{sc}) \tag{5.9}$$

式中,L_0 为计算长度;I_c、I_s、I'_{sc}分别为混凝土、方钢管和PBL的惯性矩;E_c、E_s、E'_{sc}分别为管内混凝土、方钢管和PBL的弹性模量。式(5.9)中只有PBL的抗弯刚度 $E'_{sc}I'_{sc}$是未知的,下面讨论 $E'_{sc}I'_{sc}$的计算方法。PBL的抗弯刚度可以看作是由开孔后的加劲肋刚度和孔内混凝土的刚度叠加而成,取PBL的一个标准段,如图5.15所示。

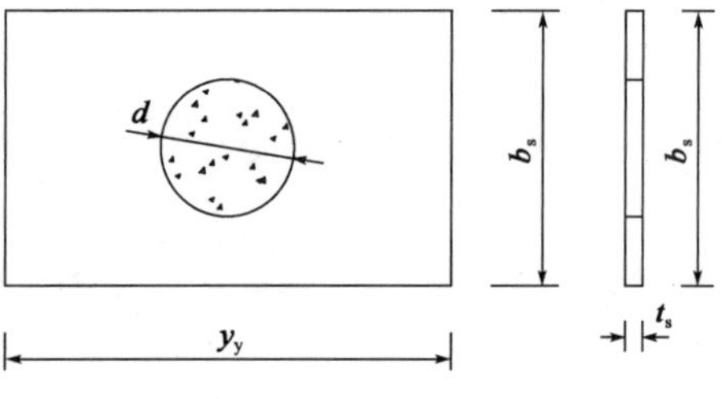

图5.15 PBL标准段

则:

$$E'_{sc}I'_{sc} = \frac{E_s}{y_y}\int_0^{y_y}(I_1 - I_2)\mathrm{d}x + \frac{E_c}{y_y}\int_0^{d} I_2 \mathrm{d}x \tag{5.10}$$

其中:

$$I_1 = b_s t_s\left(\frac{B^2}{4} - \frac{Bb_s}{2} + \frac{1}{3}b_s^2 + \frac{1}{12}t_s^2\right) \tag{5.11}$$

$$I_2 = t_s r_r\left(\frac{B^2}{2} - b_s B + \frac{bs^2}{2} - \frac{2}{3}r_r{}^2 - \frac{1}{6}t_s^2\right) \tag{5.12}$$

$$r_r = \sqrt{\left(\frac{d}{2}\right)^2 - \left(\frac{d}{2-i}\right)^2} \tag{5.13}$$

$$0 \leqslant i \leqslant d$$

式中:B 为方钢管的边长;I_1为不开孔加劲肋的惯性矩;I_2为所开圆孔的截面惯性矩;b_s为PBL的宽度;t_s为PBL的厚度。

将式(5.8)和式(5.9)代入式(5.7),于是得到组合柱相对长细比的表达式为:

$$\overline{\lambda} = \frac{L_0}{\pi}\sqrt{\frac{A_s f_y + \gamma_s A'_s f'_y + \gamma_c A_c f_c}{E_c I_c + E_s I_s + E'_{sc} I'_{sc}}} \tag{5.14}$$

确定了相对长细比 $\overline{\lambda}$ 的表达式以后,根据内填混凝土对方钢管局部稳定的贡献以及试件的截面特性,可选择我国《钢结构设计规范》中b类钢柱的 φ-$\overline{\lambda}$ 曲线来确定其稳定系数,因此PBL 加劲型方钢管混凝土轴压长柱稳定系数可采用下式计算：

$$\varphi = \begin{cases} 1 - 0.65\,\bar{\lambda}^2 & (\bar{\lambda} \leqslant 0.215) \\ \dfrac{1}{2\bar{\lambda}^2}\left[(0.965 + 0.3\bar{\lambda} + \bar{\lambda}^2) - \sqrt{(0.965 + 0.3\bar{\lambda} + \bar{\lambda}^2)^2 - 4\bar{\lambda}^2}\right] & (\bar{\lambda} > 0.215) \end{cases} \tag{5.15}$$

分别由式(5.15)和式(5.8)计算出 φ 值和 N_0 以后，代入式(5.9)即可求出 PBL 加劲型方钢管混凝土长柱的轴压承载力。

由上述公式得到的计算值 $N_{计算}$ 与试验值 N_u 的对比情况如表 5.1 和图 5.16 所示。由表5.1和图 5.16 中可以看出，由于本书试验试件的含钢率较高，其承载能力相比文献[108]、[76]要大很多。由图中还可以看出，所有试验试件的试验值与计算值的比值均十分接近，其平均值为1.04，均方差为0.04。计算结果表明该公式与试验结果吻合良好，且偏于安全，可以为此类轴压长柱的设计提供参考。

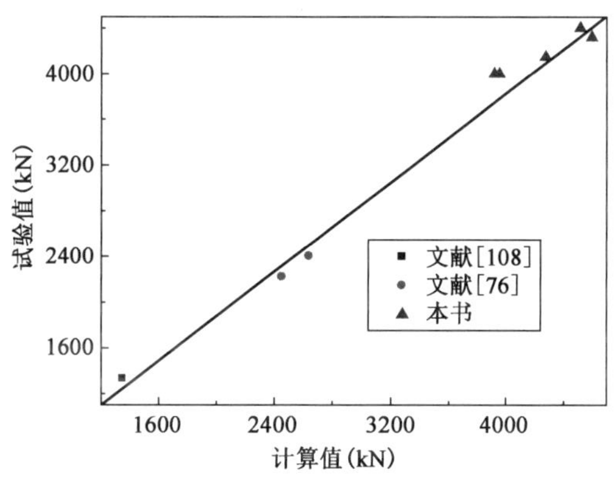

图 5.16　试验值与计算值对比

5.6　本章小结

通过本章的试验研究，对 PBL 加劲型方钢管混凝土轴压长柱的受力性能进行了试验研究，得出了以下主要结论：

(1)对 PBL 加劲型方钢管混凝土轴压长柱进行超声波检测，提出了适用于这种新型组合柱的检测方法，检测结果表明：PBL 与混凝土能够有效黏结在一起，混凝土浇筑质量良好。

(2)影响 PBL 加劲型方钢管混凝土轴压长柱受力性能的主要因素是长细比。随着长细比的增大，承载力呈减小趋势。此外试验结果还表明：PBL 加劲型方钢管混凝土轴压长柱均具有良好的延性和后期承载力。

(3)本章试验研究的试件长细比为 41.6 ~ 81.9，试件的破坏还处于弹塑性破坏，但随着长细比的进一步增大，组合柱将会发生弹性失稳破坏。

(4)采用我国《矩形钢管混凝土结构技术规程》(CECS 159—2004)规程，提出了适用于 PBL 加劲型方钢管混凝土轴压稳定承载力的实用计算公式。

第6章　PBL加劲型方钢管混凝土拱桥力学性能研究

6.1　概述

近20年以来,钢管混凝土拱桥在我国的应用取得了巨大的成就,但至今尚未出版相应的技术标准,设计与施工主要引用建筑结构领域的相关研究成果,其理论研究相对滞后。由于钢管混凝土拱桥的拱肋与建筑结构中的钢管混凝土框架柱在施工方法(钢管安装、混凝土灌注)、荷载与作用(温度作用等)、节点构造(梁柱节点、直接焊接钢管节点)等方面存在较大的差异,因此钢管混凝土拱桥实际工程中尚存在较多问题,有待深入研究。

在钢管混凝土拱桥中,桥面荷载通过立柱传递给拱肋,立柱与拱肋之间通常采用焊接方式连接。立柱内力沿拱肋方向的分力通过一定长度范围内的钢管混凝土界面黏结力传递给混凝土。若节点区域出现钢管混凝土的界面脱空,则有可能出现荷载传给钢管而无法传给混凝土,此节点部位成为桥体的薄弱部位,传力示意图如图6.1所示。在钢管混凝土拱桥内部增设PBL,则有助于改善节点部位钢—混凝土之间的传力效果,增强钢—混凝土组合作用。

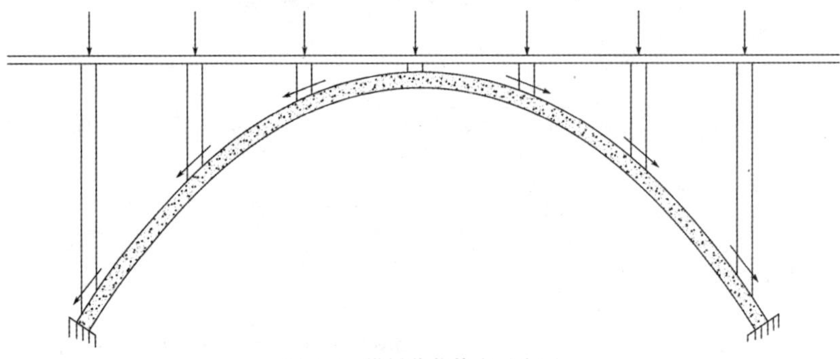

图6.1　拱桥荷载传力示意图

6.2　工程背景

福建福安群益大桥为单跨中承式钢管混凝土拱桥,净跨46.00m,净矢高15.33m,其主拱圈截面为单圆管,钢管外径ϕ800mm,钢管壁厚14mm,内填C30混凝土,吊杆采用高强钢丝,桥面系为现浇钢筋混凝土连续板。该桥已于1998年7月建成通车[171]。文献[171]进行了模型试验,考虑到模型制作及试验安装加载,模型肋拱比例为实桥的1/10,钢管尺寸为76mm×3.792mm的无缝钢管,模型桥拱肋的设计跨径为460cm,肋拱下缘曲线为二次抛物线,净矢高为153.3cm,如图6.2所示。钢材屈服应力307.67MPa,极限抗拉强度469MPa,钢材

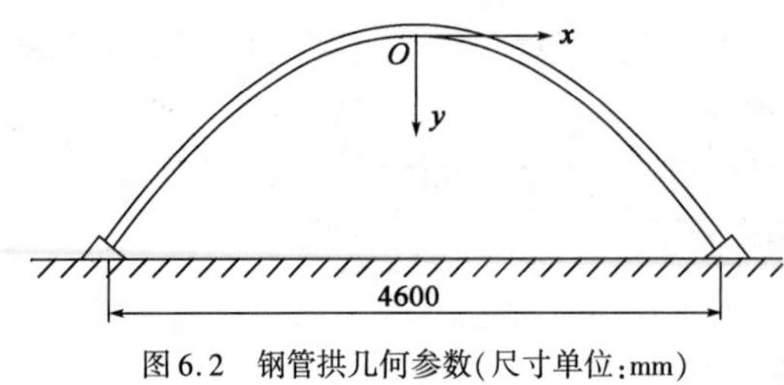

图6.2　钢管拱几何参数(尺寸单位:mm)

弹性模量 206000MPa，混凝土弹性模量 31000MPa，填充混凝土的立方体抗压强度为 36.8MPa。加载工况为拱顶处加载。试验中极限承载能力为 42.07kN。

6.3　有限元模型验证

6.3.1　有限元模型

采用本书第 4 章建模方法建立有限元模型，钢管采用 SOLID45 单元，混凝土采用 SOLID65 单元，钢材本构关系采用第 4 章论述的带有强化段的本构关系，混凝土本构关系采用文献[2]中关于圆形钢管混凝土的核心混凝应力—应变关系，考虑结构自重，采用跨中集中加载，建立的有限元模型如图 6.3 所示，假定钢管与混凝土之间无黏结滑移，考虑材料非线性和几何非线性。

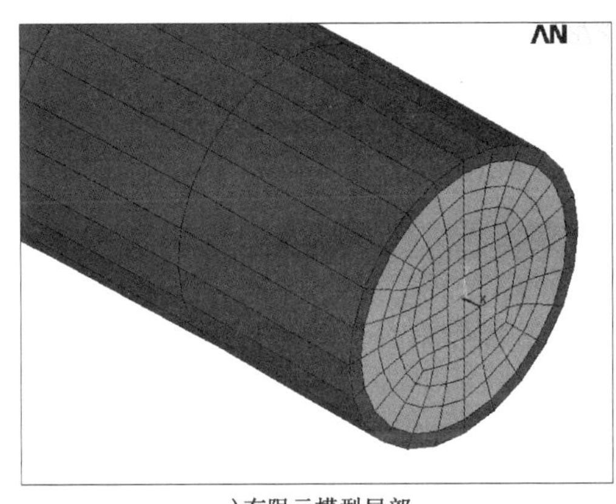

a）有限元模型局部　　b）有限元全貌

图 6.3　有限元模型

6.3.2　计算结果

（1）荷载—位移曲线

图 6.4 给出了计算模拟结果与试验结果的对比情况。从图中可以看出，荷载—位移曲线大致分为两个阶段，第一阶段是弹性阶段，荷载—位移曲线呈线性递增趋势，随着荷载的不

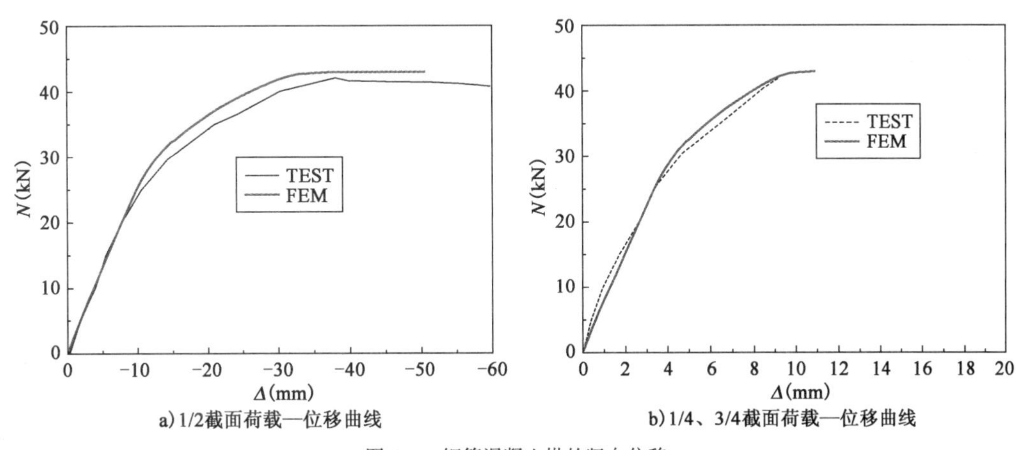

a）1/2截面荷载—位移曲线　　b）1/4、3/4截面荷载—位移曲线

图 6.4　钢管混凝土拱的竖向位移

断增大,位移也不断增大;第二阶段为非线性阶段,荷载—位移曲线呈非线性递增趋势,随着荷载的增大,位移快速增大,数值模拟结果与试验结果基本吻合。之后进入非线性数值模拟结果与试验结果基本吻合。

(2)截面应力

图 6.5 给出了在钢管混凝土达到极限状态时典型截面的应力情况,可以看出钢管混凝土破坏形式为受弯破坏。在试验过程中,跨中截面下缘核心混凝土逐渐开裂,这削弱了钢管对核心混凝土的约束作用,减弱了钢管混凝土的套箍效应,最终跨中截面钢管下缘屈服破坏,拱脚截面应力和核心混凝土尚未破坏。

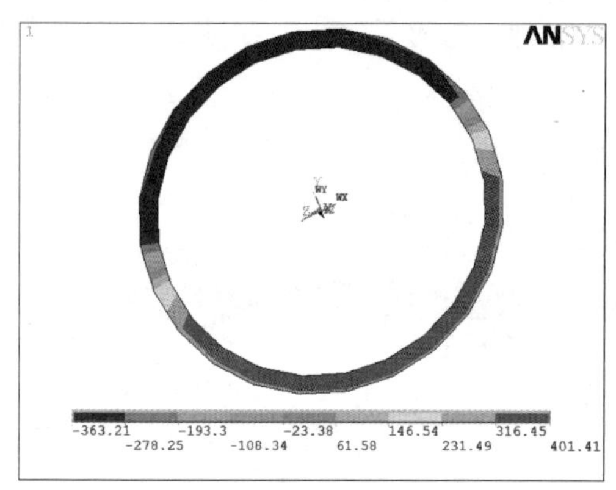

a) 1/2截面钢管轴向应力

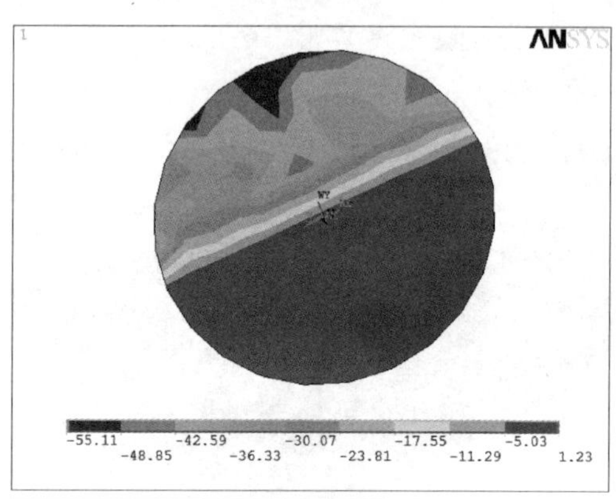

b) 1/2截面混凝土轴向应力

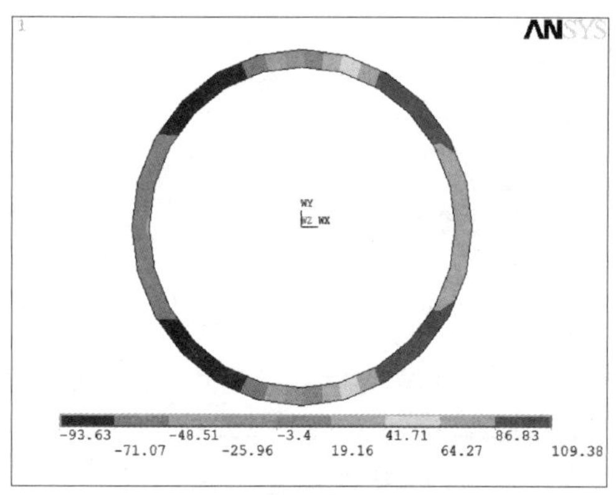

c) 拱脚截面钢管轴向应力

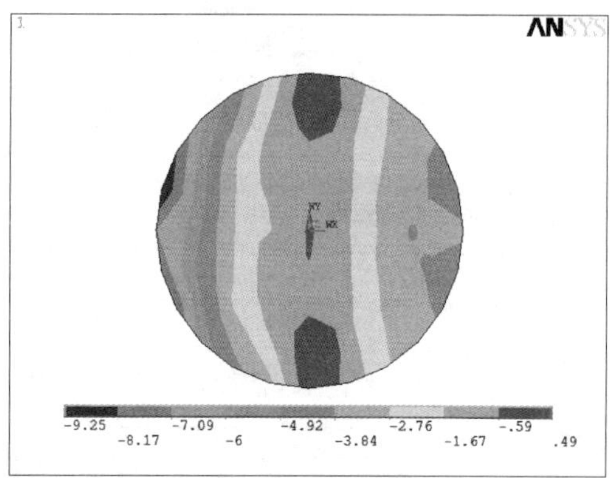

d) 拱脚截面混凝土轴向应力

图 6.5 钢管混凝土拱桥截面应力分布

6.4 PBL 截面形式拱桥力学性能分析

6.4.1 几何参数

本书按照实桥进行 1/4 缩尺,设计了两种截面形式的裸拱,钢管管径采用 200mm × 200mm 的方形截面替代原来的圆形截面,壁厚为 4.0,截面具体尺寸如图 6.6 所示。其中 A

类截面为普通方钢管混凝土截面,B 类截面为 PBL 加劲型方钢管混凝土截面,即在钢管上、下加劲肋上开孔,因截面外轮廓尺寸与本书 20-3 组试件一致,所以 PBL 尺寸采用 SCC-20-3 试件的尺寸,即开孔孔径为 30mm,孔间距为 100mm,布置位置为接近 1/4 截面处到拱顶。PBL 位置如图 6.7 所示。

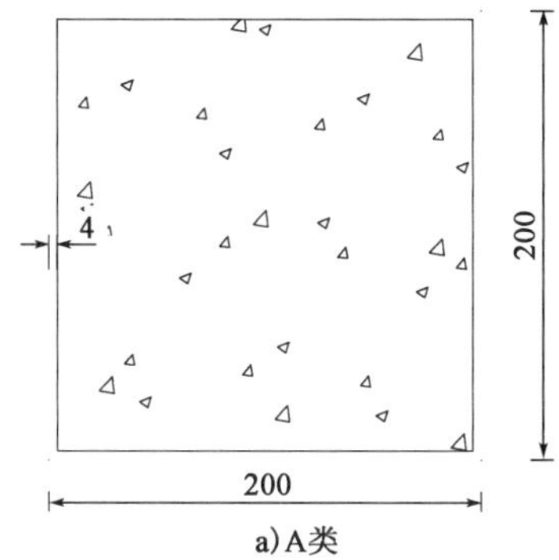

a) A类

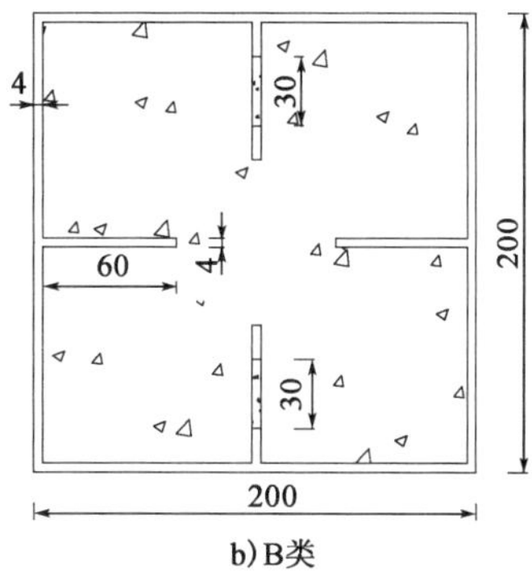

b) B类

图 6.6　截面尺寸(尺寸单位:mm)

模型跨径为 1150cm,肋拱下缘曲线为二次抛物线,净矢高为 383.2cm(图 6.8),拱轴线方程为 $Y = -X^2/8625$。材料特性亦采用 SCC-20-3 试件的材料属性,即钢材屈服应力 464MPa,钢材弹性模量 206000MPa,混凝土弹性模量 31000MPa,填充混凝土的立方体抗压强度为 55.6MPa。加载工况均为拱顶处加载。

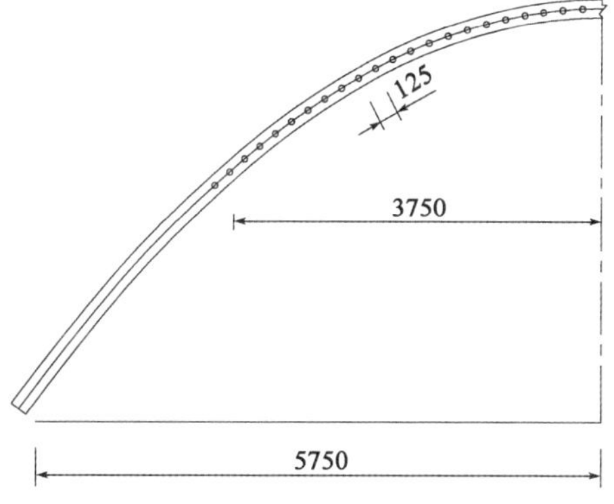

图 6.7　PBL 位置(尺寸单位:mm)

6.4.2　有限元模型

核心混凝土本构关系采用第 4 章提出的修正后 PBL 加劲型方钢管混凝土应力—应变关系,仅考虑结构自重,加载方式采用跨中集中加载,假定钢管与混凝土之间无黏结滑移,考虑材料非线性和几何非线性,建立有限元模型时充分利用结构的对称性,缩短计算时间,只建立 1/2 模型(图 6.9),其余建模方法参考 6.3 节有关内容。

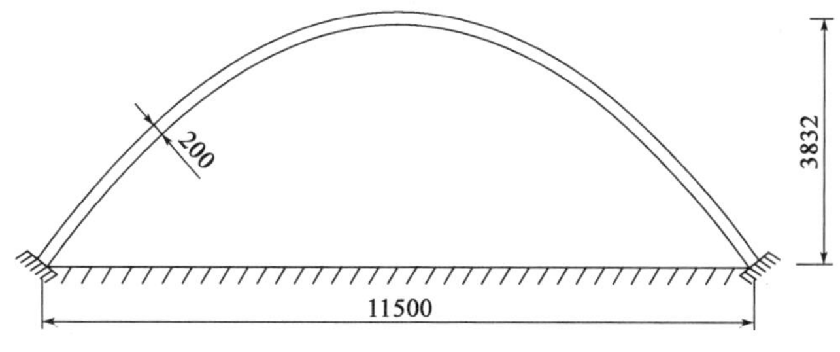

图 6.8　拱肋尺寸(尺寸单位:mm)

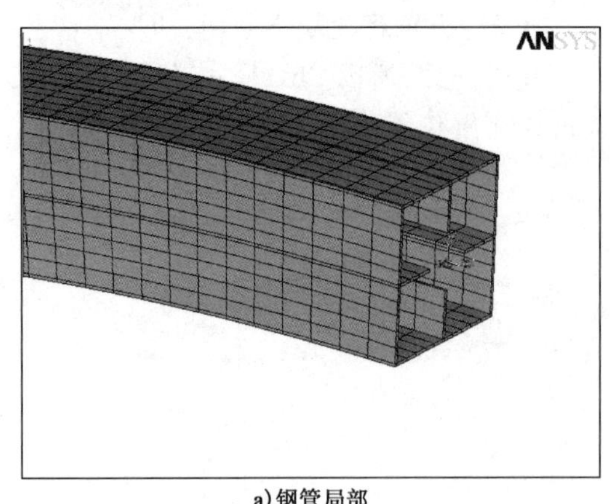

a) 钢管局部

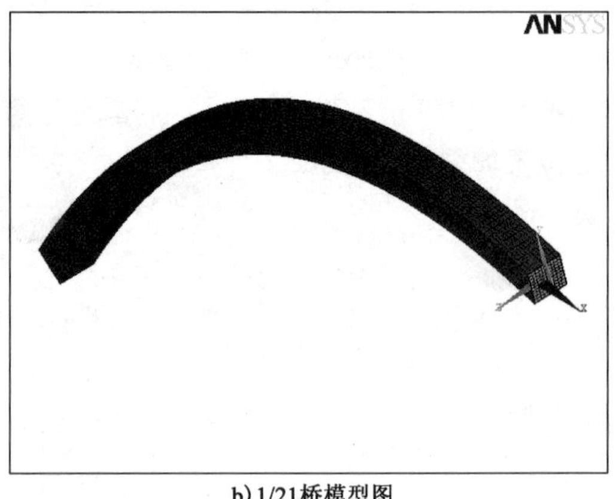

b) 1/21桥模型图

图 6.9 有限元模型图

6.5 结果分析

6.5.1 荷载—位移曲线

将 A 类截面和 B 类截面两种类型拱肋 1/2 截面和 1/4 截面的荷载—位移曲线绘图如图 6.10所示，由图中可以看出，两类截面拱肋的荷载—位移曲线均具有较明显的线性和非线性阶段。在加载初期荷载与位移呈明显的线性变化关系，之后继续加载曲线呈现越来越明显的非线性特征，说明结构逐渐进入弹塑性阶段。当荷载达到最大峰值荷载时，1/2 截面处 A 类拱肋最大位移 44.7mm，B 类拱肋最大位移 121.2mm，1/4 截面处 A 类拱肋最大位移 18.5mm，B 类拱肋最大位移 43.8mm。在弹性阶段，PBL 能够有效增强截面的抗弯刚度，B 类截面拱桥的跨中和 1/4 截面处的位移明显小于 A 类截面桥梁。由图中还可以看出，在方形钢管混凝土拱桥中增设 PBL 可以显著提高桥梁的极限承载能力，相比 A 类截面，增设 PBL 之后含钢率增大约 30%，然而承载能力提高了约 54%。增设 PBL 之后的 B 类截面桥梁的延性相对 A 类截面桥梁有了明显提高，B 类桥跨中位移最大可达到 121.2mm。

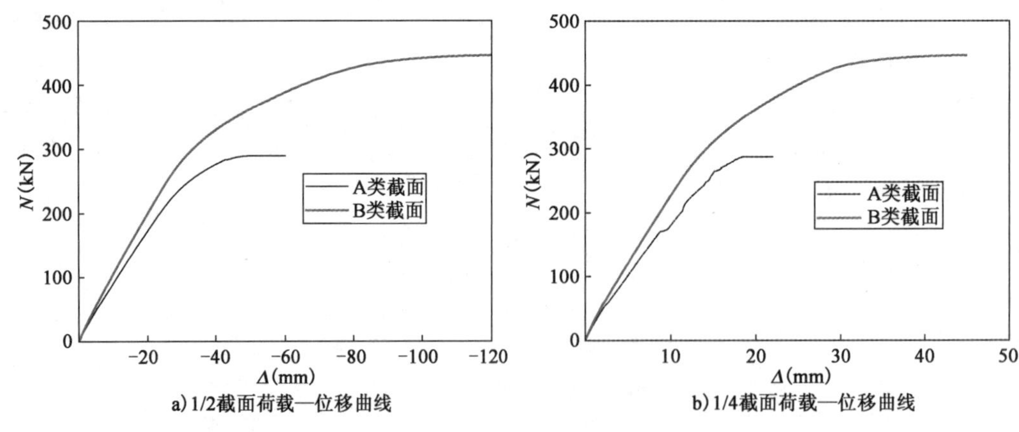

图 6.10 荷载—位移曲线

6.5.2 荷载—应变曲线

图 6.11 为两种类型拱肋 1/2 截面加载点钢管下缘的荷载应变曲线。由图中可以看出，

A 类截面模型、B 类截面模型在荷载达到 230kN 和 300kN 左右时,加载点下缘的钢管纵向应变分别为 2100με 和 2200με,钢管下缘已经超出弹性范围进入弹塑性阶段,而此时拱的荷载—位移曲线表明,结构处于弹性阶段的终点,此后模型进入较长的屈服阶段,其中 B 类截面模型进入的屈服阶段较 A 类截面模型更长,可见截面出现弹塑性阶段早于结构出现的非线性情况,这说明方钢管混凝土和 PBL 加劲型方钢管混凝土均是先由截面边缘出现塑性而引起截面应力重分布,之后才出现由于结构刚度引起的结构内力重分布。

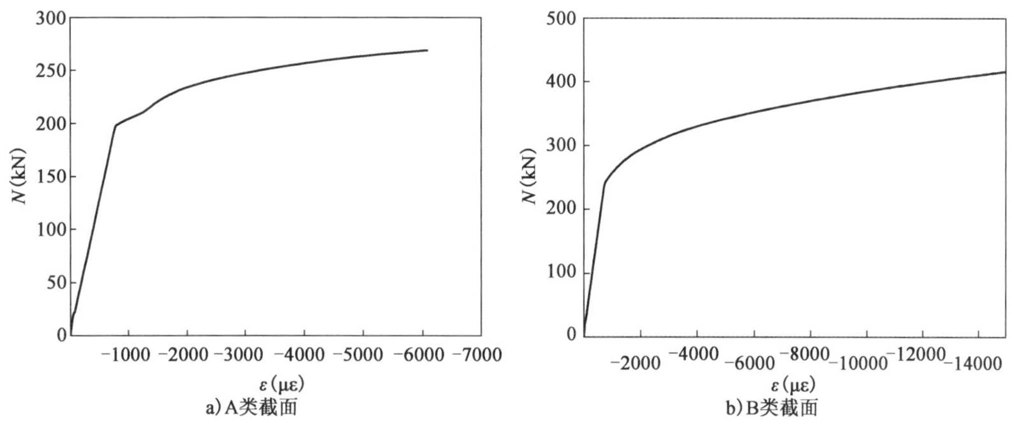

图 6.11　荷载—应变曲线

6.5.3　拱肋应力分析

图 6.12 ~ 图 6.14 分别给出了钢管、核心混凝土、PBL 及孔内混凝土的等效应力分布情况。由图中可以看出,两类截面的桥梁在极限状态下钢管应力分布不相同,主要区别在 1/4 截面附近。对于 A 类截面桥梁的破坏模式主要表现在跨中截面钢管屈服,而对于 B 类截面桥梁的破坏模式则是跨中截面与 1/4 截面处钢管同时达到屈服,这说明在方钢管混凝土拱桥中增设 PBL 能够充分加劲钢管管壁,使得拱肋整体性增强。由图 6.13 可以看出,B 类截面拱肋的核心混凝土最大等效应力要大于 A 类拱肋,说明在方钢管混凝土内部增设 PBL 之后,钢管对核心混凝土的约束能力得到增强。由图 6.14 可以看出,开孔部位的加劲肋基本

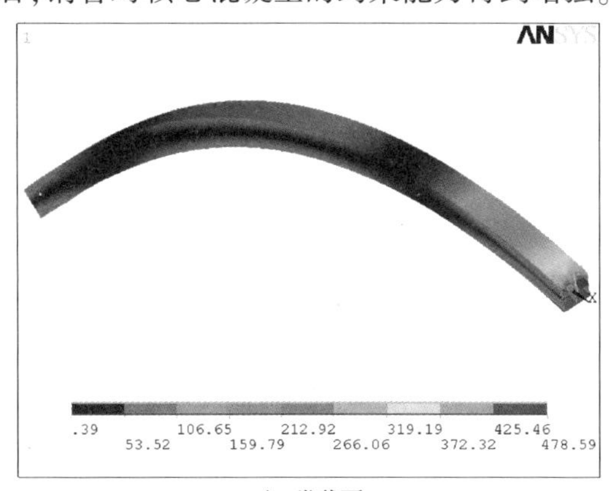

a)A类截面

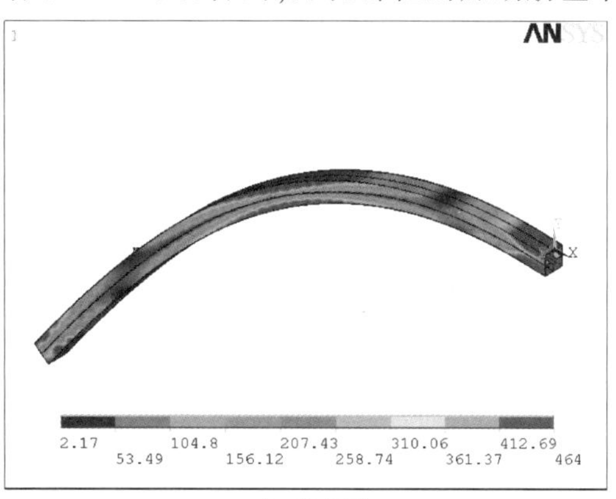

b)B类截面

图 6.12　钢管等效应力(单位:MPa)

都已达到屈服应力，说明 PBL 可以有效参与拱肋整体受力。

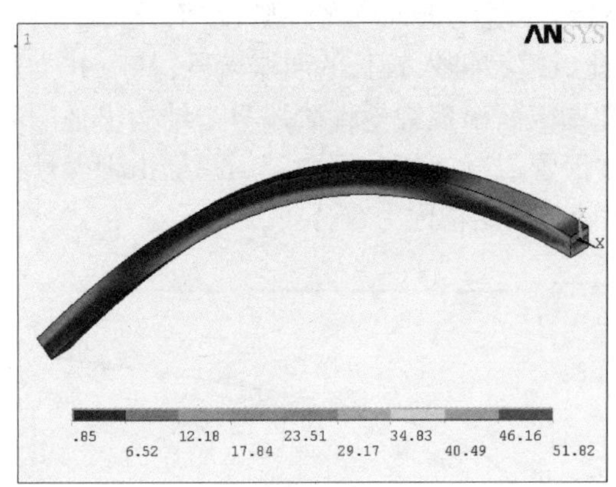

a）A类截面

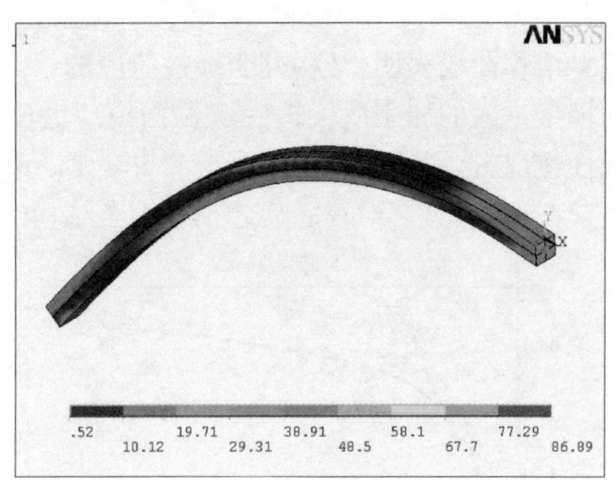

b）B类截面

图 6.13 核心混凝土等效应力（单位：MPa）

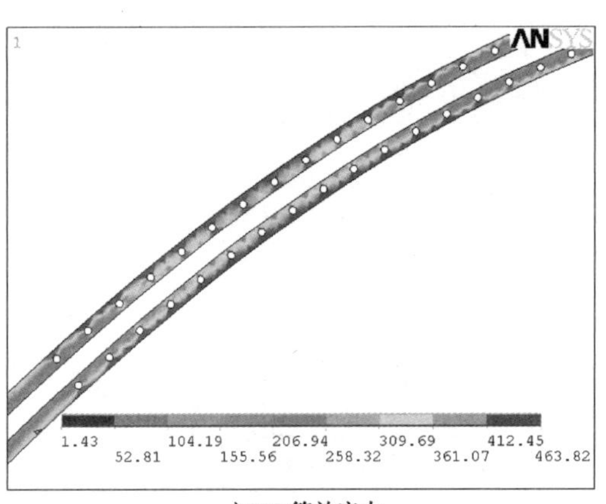

a）PBL等效应力

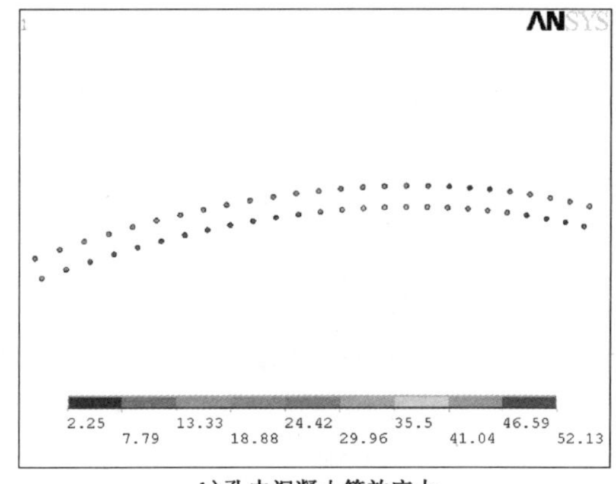

b）孔内混凝土等效应力

图 6.14 PBL 及孔内混凝土等效应力（单位：MPa）

6.5.4 截面应力分析

图 6.15～图 6.20 给出在钢管混凝土达到极限状态时，跨中截面、1/4 截面、拱脚截面的

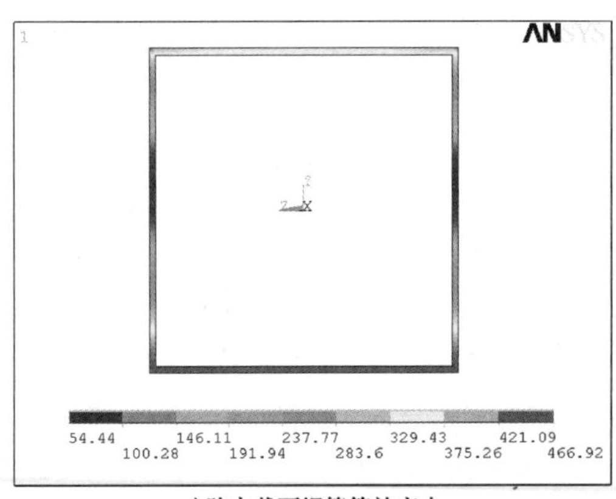

a）跨中截面钢管等效应力

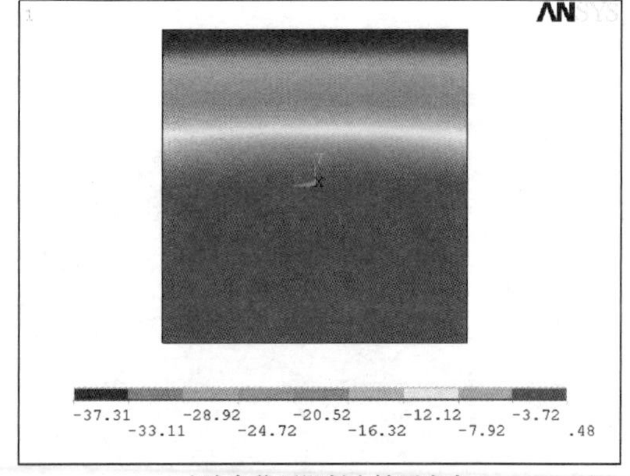

b）跨中截面混凝土轴压应力

图 6.15 A 类截面桥梁跨中截面应力（单位：MPa）

应力分布情况。由图 6.15 ~ 图 6.20 可以看出,钢管混凝土破坏形式为受弯破坏。随着荷载的增大,跨中截面下缘核心混凝土拉应力逐渐增大,最终达到最大拉应力退出工作,中性轴不断上升。由图中可以看出,达到极限破坏状态时 B 类桥梁中性轴位置要低于 A 类桥梁。

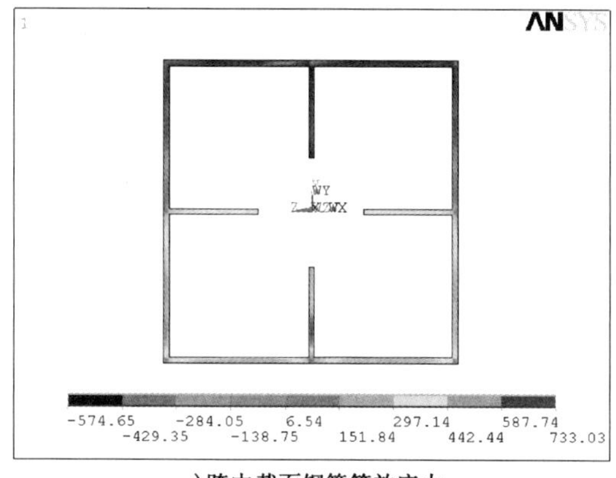

a)跨中截面钢管等效应力

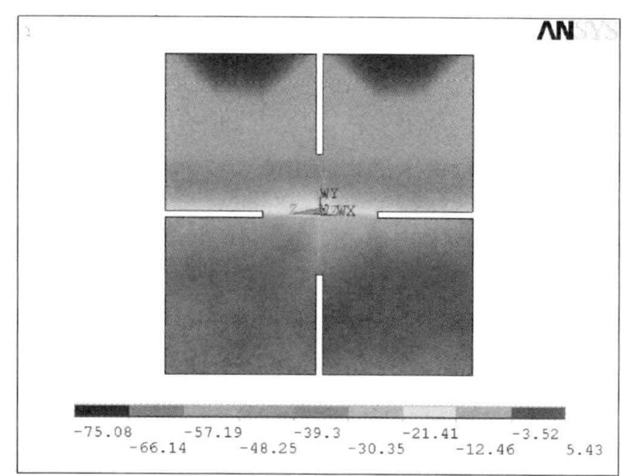

b)跨中截面混凝土轴压应力

图 6.16　B 类截面桥梁跨中截面应力(单位:MPa)

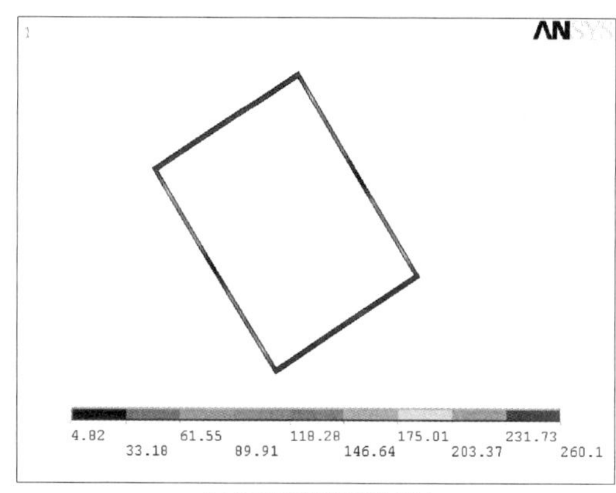

a)1/4截面钢管等效应力

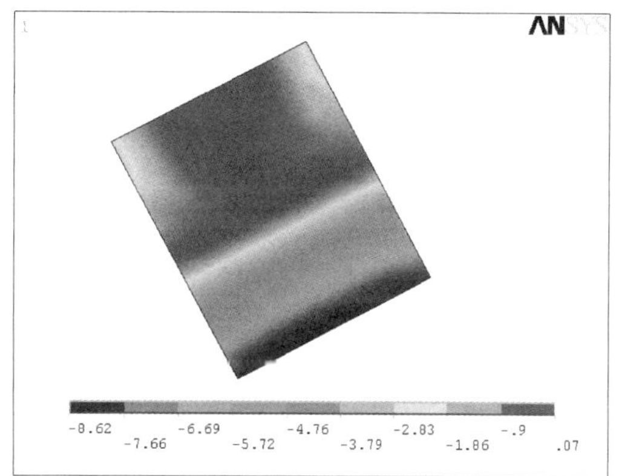

b)1/4截面混凝土轴压应力

图 6.17　A 类截面桥梁 1/4 截面应力(单位:MPa)

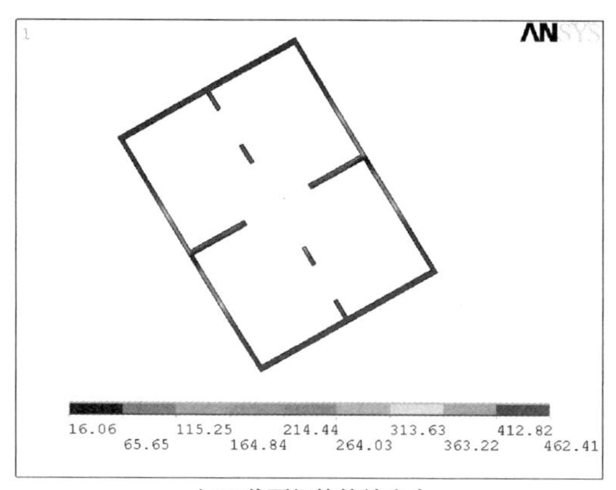

a)1/4截面钢管等效应力

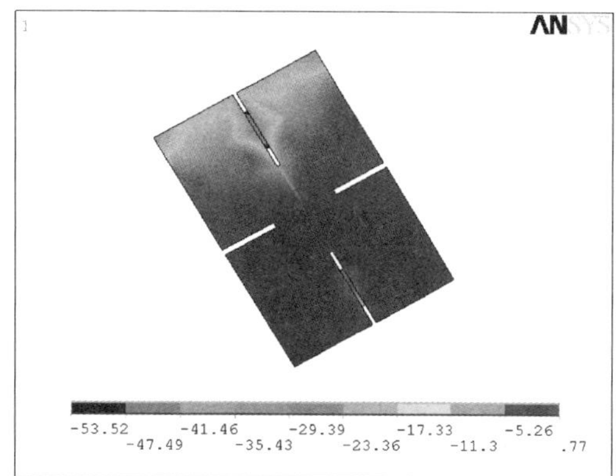

b)1/4截面混凝土轴压应力

图 6.18　B 类截面桥梁 1/4 截面应力(单位:MPa)

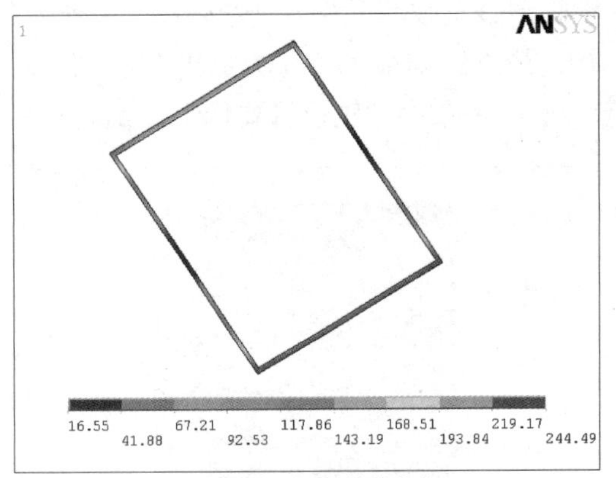

a)拱脚截面钢管等效应力

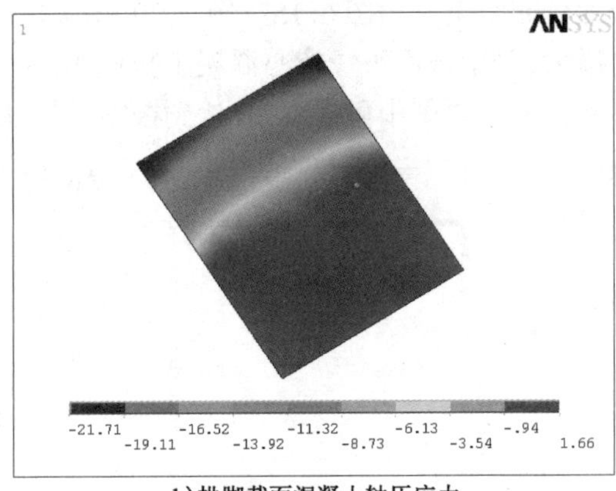

b)拱脚截面混凝土轴压应力

图 6.19　A 类截面桥梁拱脚截面应力(单位:MPa)

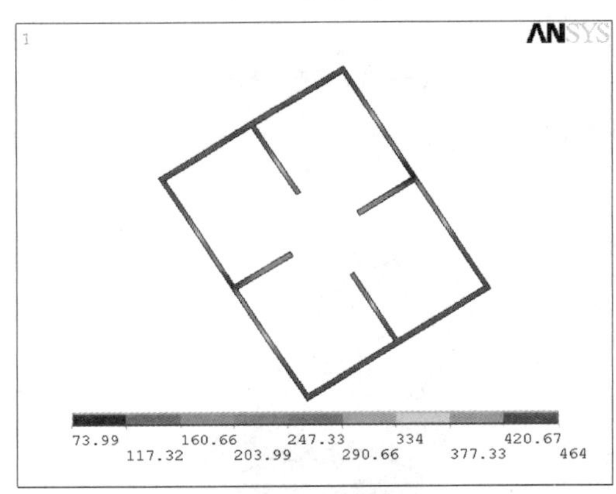

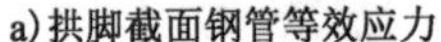

a)拱脚截面钢管等效应力

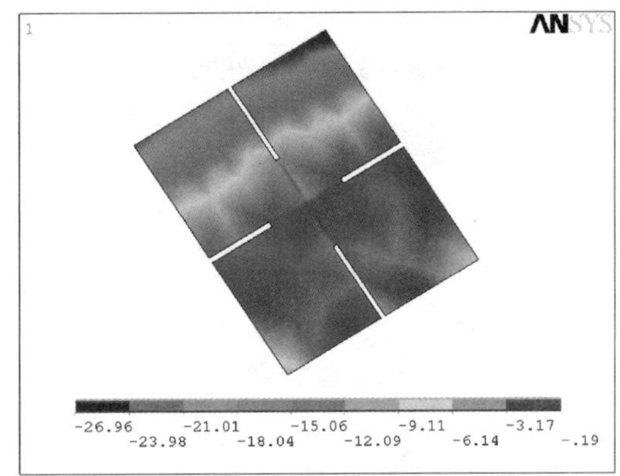

b)拱脚截面混凝土轴压应力

图 6.20　B 类截面桥梁拱脚截面应力(单位:MPa)

6.6　本章小结

本章以福建福安群益大桥——单跨中承式钢管混凝土拱桥为工程背景,按照 1:4 几何缩尺,并采用方钢管截面替代圆形截面,进行了 PBL 加劲型拱桥的试设计,并与普通方钢管混凝土拱桥的力学性能进行了对比,主要结论如下:

(1)采用有限元计算的文献[171]试验桥,有限元计算结果与试验结果吻合良好,证明了有限元模型的正确性。

(2)在方钢管混凝土拱桥中增设 PBL 能够有效提高其抗弯刚度和极限承载能力,相比 A 类截面,增设 PBL 之后含钢率增大约 30%,然而承载能力提高了约 54%,在极限状态下,荷载能够更有效地沿拱肋传递,从而增大钢与混凝土的组合作用。

(3)PBL 能够有效参与拱桥的全截面受力,同时由于 PBL 的存在使得桥梁的中性轴发生明显改变,延缓了混凝土的开裂。

参 考 文 献

[1] 蔡绍怀. 现代钢管混凝土结构[M]. 北京: 人民交通出版社, 2003.

[2] 韩林海. 钢管混凝土结构:理论与实践[M]. 北京: 科学出版社, 2004.

[3] 钟善桐. 钢管混凝土结构[M]. 3 版. 北京: 清华大学出版社, 2003.

[4] 钟善桐. 钢管混凝土结构[M]. 哈尔滨: 黑龙江科学技术出版社, 1994.

[5] 蔡绍怀. 钢管混凝土结构的计算与应用[M]. 北京: 中国建筑工业出版社, 1989.

[6] 陈宝春. 钢管混凝土拱桥实例集(一)[M]. 北京: 人民交通出版社, 2002.

[7] 过镇海. 钢筋混凝土原理[M]. 北京: 清华大学出版社, 1999.

[8] 朱伯芳. 有限单元法原理与应用[M]. 北京: 中国水利水电出版社, 2000.

[9] 韩林海, 陶忠, 王文达. 现代组合结构和混合结构——试验、理论和方法[M]. 北京: 科学出版社, 2009.

[10] 钟善桐. 钢管混凝土统一理论——研究与应用[M]. 北京: 清华大学出版社, 2006.

[11] 陈宝春. 钢管混凝土拱桥[M]. 2 版. 北京: 人民交通出版社, 2007.

[12] 王玉银, 惠中华. 钢管混凝土拱桥施工全过程与关键技术[M]. 北京: 机械工业出版社, 2010.

[13] 韩林海, 杨有福. 现代钢管混凝土结构技术[M]. 北京: 中国建筑工业出版社, 2007.

[14] Schneider S P. Axially loaded Concrete-Filled Steel Tubes[J]. Journal of Structural Engineering. ASCE, 1998,124(10):1125-1138.

[15] T K. Ultimate strength and ductility of state-of-the-art concrete-filled steel bridge piers in Japan[J]. Engineering Structures, 1998,20:4-6, 347-354.

[16] 顾威. CFRP 钢管混凝土柱的力学性能研究[D]. 大连:大连海事大学, 2007.

[17] 胡忠君. CFRP 约束混凝土轴心受压柱力学行为研究[D]. 长春:吉林大学, 2010.

[18] 胡波. FRP 约束混凝土柱的受压性能研究[D]. 合肥:合肥工业大学, 2010.

[19] 朱昌宏. 带约束拉杆方形和矩形截面钢管混凝土短柱承载力与延性[D]. 广州:华南理工大学, 2010.

[20] 左志亮. 带约束拉杆异形截面钢管混凝土短柱的受压力学性能研究[D]. 广州:华南理工大学, 2010.

[21] 黄宏. 中空夹层钢管混凝土压弯构件的力学性能研究[D]. 福州:福州大学, 2006.

[22] 曾彦, 曾勇, 赵顺波. 钢管混凝土叠合柱式桥墩受力性能分析[J]. 世界桥梁, 2010(02):52-54.

[23] 张玉芬. 复式钢管混凝土轴压性能及节点抗震试验研究[D]. 西安:长安大学, 2010.

[24] 蔡健, 龙跃凌. 带约束拉杆方形、矩形钢管混凝土短柱的轴压承载力[J]. 建筑结构学报, 2009(01).

[25] 蔡健，何振强. 带约束拉杆方形钢管混凝土的本构关系[J]. 工程力学，2006(10).

[26] 涂光亚，颜东煌，邵旭东. 脱黏对桁架式钢管混凝土拱桥受力性能的影响[J]. 中国公路学报，2007(06).

[27] 涂光亚，颜东煌，邵旭东. 脱粘对单圆管钢管混凝土拱桥极限承载力的影响[J]. 哈尔滨工业大学学报，2010(12).

[28] 涂光亚，颜东煌，邵旭东，等. 脱粘对桁架式钢管混凝土拱肋刚度影响研究[J]. 公路交通科技，2011(02).

[29] 周继忠，郑永乾，陶忠. 带肋薄壁和普通方钢管混凝土柱的经济性比较[J]. 福州大学学报(自然科学版)，2008,36(04):598-603.

[30] 黄义勇，黄宏. 带肋方钢管混凝土柱的经济性分析[J]. 铁道建筑，2010(10)：130-132.

[31] 李斌. 钢管混凝土结构的研究[D]. 西安:西安建筑科技大学，2005.

[32] 朱勤. 塞维利亚阿拉米略桥的建造[J]. 国外桥梁，1996(02).

[33] 樊健生，聂建国. 钢-混凝土组合桥梁研究及应用新进展[J]. 建筑钢结构进展，2006(05).

[34] 代向群，毛健. 南海紫洞大桥钢管混凝土斜拉桥的设计[J]. 公路交通科技，2002(02).

[35] 刘士林，王似舜. 斜拉桥设计[M]. 北京：人民交通出版社，2006.

[36] 臧华，刘钊. 钢管混凝土桥墩的应用与研究[J]. 中国工程科学，2007(07).

[37] 马建锋. 钢管混凝土压弯构件的稳定性及在桥墩中的应用[D]. 南京:南京理工大学，2009.

[38] 徐腾飞，赵人达，向天宇，等. 钢管混凝土高墩非线性稳定承载能力可靠度分析[J]. 土木建筑与环境工程，2010,32(2):60-63.

[39] Furlong R W. Strength of steel-encased concrete beam columns[J]. Journal of the Structural Division, proceedings of the American Society of Civil Engineers, p. 113, 1967, 93:113.

[40] Liu Z, Goel S C. Cyclic Load Behavior of Concrete-Filled Tubular Braces[J]. Journal of Structural Engineering, 1988,114:1488.

[41] Shakir-Khalil H A Z J. Experimental behavior of concrete filled rolled rectangular hollow-section columns [J]. Structural Engineer, 1989,67(9):346-353.

[42] Shakir-Khalil H, Mouli M. Further tests on concrete-filled rectangular hollow-section columns[J]. Structural Engineer, 1990,68(20):405-413.

[43] Cederwall K, Engstrom B, Grauers M. High-strength concrete used in composite columns [C]. Second International Symposium on Utilization of High-Strength Concrete, Hester, W. T. (ed.), Berkeley, California. ,1990.

[44] Matsui C, Tsuda K, El Din H Z. Stability design of slender concrete filled steel square tubular columns[J]. Proceedings of the 4th East Asia-Pacific Conference on Structural Engineering and Construction, 1993(1):317-322.

[45] OShea M D, Bridge R Q. Behaviour of thin-walled box sections with lateral restraint[M]. The University of Sydney, Department of Civil Engineering, 1997.

[46] Wang Y C. Tests on slender composite columns[J]. Journal of Constructional Steel Research, 1999,49(1):25-41.

[47] Schneider S P. Axially loaded concrete-filled steel tubes[J]. Journal of Structural Engineering, 1998,124(10):1125-1138.

[48] Uy B. Strength of concrete filled steel box columns incorporating local buckling[J]. Journal of Structural Engineering, 2000,126:341.

[49] Varma A H, Ricles J M, Sause R, et al. Experimental behavior of high strength square concrete-filled steel tube beam-columns[J]. Journal of Structural Engineering, 2002,128:309.

[50] Liu D, Gho W M, Yuan J. Ultimate capacity of high-strength rectangular concrete-filled steel hollow section stub columns[J]. Journal of Constructional Steel Research, 2003,59(12):1499-1515.

[51] Liu D, Gho W M, Yuan J. Ultimate capacity of high-strength rectangular concrete-filled steel hollow section stub columns[J]. Journal of Constructional Steel Research, 2003,59(12):1499-1515.

[52] 张正国, 左明生. 方钢管混凝土轴压短柱在短期一次静载下的基本性能研究[J]. 郑州工学院学报, 1985(02).

[53] 罗力. 方钢管混凝土长柱在轴心荷载作用下的试验研究[D].郑州:郑州工学院,郑州大学, 1989.

[54] 张正国. 方钢管混凝土偏压短柱基本性能研究[J]. 建筑结构学报, 1989(6):10-20.

[55] 张正国. 方钢管混凝土中长轴压柱稳定分析和实用设计方法[J]. 建筑结构学报, 1993(4):28-39.

[56] 王菁, 关罡, 李四平, 等. 方钢管砼轴压柱承载力的计算[J]. 建筑结构, 1997(5):13-15.

[57] 黄玉盈, 李四平, 霍达, 等. 偏心受压方钢管混凝土柱极限承载力的计算[J]. 建筑结构学报, 1998(1):41-51.

[58] 陶忠. 方钢管混凝土构件力学性能若干关键问题的研究[D].哈尔滨:哈尔滨工业大学, 2001.

[59] 余勇. 方钢管混凝土结构的性能研究[D]. 上海: 同济大学, 1998.

[60] 余勇, 吕西林. 方钢管混凝土柱的三维非线性分析[J]. 地震工程与工程振动, 1999(1):57-64.

[61] Zhou Ming, Zhang Sumei. Separated stress-strain models of steel and concrete of CFSST short columns[C]. Proceedings of sixth pacific structural steel conference, Beijing China, 2001.

[62] 叶再利. 方形、矩形钢管高强混凝土轴压短柱基本力学性能研究[D]. 哈尔滨: 哈尔滨工业大学, 2001.

[63] 杨有福. 矩形截面钢管混凝土构件力学性能的若干关键问题研究[D].哈尔滨:哈尔滨工业大学, 2003.

[64] 韩林海, 杨有福. 矩形钢管混凝土轴心受压构件强度承载力的试验研究[J]. 土木工程学报, 2001,34(4):22-31.

[65] 郭兰慧. 方形、矩形钢管高强混凝土构件力学性能分析与试验研究[D].哈尔滨:哈尔滨工业大学, 2002.

[66] 王秋萍. 薄壁钢管混凝土轴压短柱力学性能的试验研究[D].哈尔滨:哈尔滨工业大学, 2002.

[67] 曹宝珠. 薄壁钢-混凝土组合构件静力性能研究[D].哈尔滨: 哈尔滨工业大学, 2004.

[68] 徐政. 洪家渡水电站厂房矩形薄壁钢管混凝土组合柱试验研究[D].哈尔滨: 哈尔滨工业大学, 2005.

[69] 郭兰慧. 矩形钢管混凝土构件力学性能的理论分析与试验研究[D]. 哈尔滨: 哈尔滨工业大学, 2006.

[70] Ge H B, Usami T. Strength of Concrete-Filled Thin-Walled Steel Box Columns: Experiment [J]. Journal of structural engineering, 1992,118:3036.

[71] Kwon Y B, Song J Y, Kon K S. The structural behaviour of concrete-filled steel piers[C]. Proceedings of 16th Congress of IABSE. Iucerne,Switzerland University of Applied Sciences Fribourg. 2000.

[72] Petrus C, Abdul Hamid H, Ibrahim A, et al. Experimental behaviour of concrete filled thin walled steel tubes with tab stiffeners[J]. Journal of Constructional Steel Research, 2010, 66(7):915-922.

[73] 陈勇, 张耀春. 设置斜肋方形薄壁钢管混凝土轴压短柱研究[J]. 东南大学学报(自然科学版), 2006(1):107-112.

[74] 张耀春, 陈勇. 设直肋方形薄壁钢管混凝土短柱的试验研究与有限元分析[J]. 建筑结构学报, 2006(05).

[75] Zhang Y, Xu C, Lu X. Experimental study of hysteretic behaviour for concrete-filled square thin-walled steel tubular columns[J]. Journal of Constructional Steel Research, 2007,63(3):317-325.

[76] 陶忠, 于清. 新型组合结构柱——试验、理论与方法[M]. 北京: 科学出版社, 2006.

[77] 王志滨, 陶忠. 带肋薄壁方钢管混凝土轴压短柱设计探讨[J]. 工业建筑, 2007(12):13-17.

[78] Tao Z, Han L H, Wang Z B. Experimental behaviour of stiffened concrete-filled thin-walled hollow steel structural (HSS) stub columns[J]. Journal of Constructional Steel Research, 2005,61(7):962-983.

[79] 黄宏, 李毅, 张安哥. 带肋方钢管混凝土轴压短柱的试验研究[J]. 铁道建筑, 2009(12).

[80] 黄宏, 张安哥, 李毅, 等. 带肋方钢管混凝土轴压短柱试验研究及有限元分析[J]. 建筑结构学报, 2011(02).

[81] 谢红兵, 柯在田, 林广元, 等. 在动载作用下的连续结合梁的设计[J]. 国外桥梁, 1998(4):12-21.

[82] Valente I, Cruz P J S. Experimental analysis of Perfobond shear connection between steel and lightweight concrete[J]. Journal of Constructional Steel Research, 2004,60(3):465-479.

[83] Tan D L, Qin F J, Jin D. Experimental Study on Neotype Anchor System in Tower of Cable-Stayed Bridge[J]. Advanced Materials Research, 2011,163:2017-2022.

[84] 肖林. 钢混组合结构中剪力连接件试验研究[D]. 成都:西南交通大学, 2008.

[85] 周浩, 张勇. 浅谈钢—混凝土组合梁的剪力连接件[J]. 四川建筑, 2004(5):50-51.

[86] 雷昌龙. 钢—混凝土组合桥中新的剪力连接器的发展与试验[J]. 国外桥梁, 1999(2):64-68.

[87] Kraus D, Wurzer O. Nonlinear finite-element analysis of concrete dowels[J]. Computers & structures, 1997,64(5):1271-1279.

[88] 宗周红, 车惠民. 剪力连接件静载和疲劳试验研究[J]. 福州大学学报(自然科学版), 1999(6):61-66.

[89] 张清华, 李乔, 卜一之. PBL剪力连接件群传力机理研究(Ⅰ)——理论模型[J]. 土木工程学报, 2011(04).

[90] 张清华, 李乔, 卜一之. PBL剪力连接件群传力机理研究Ⅱ:极限承载力[J]. 土木工程学报, 2011(05).

[91] 刘玉擎, 周伟翔, 蒋劲松. 开孔板连接件抗剪性能试验研究[J]. 桥梁建设, 2006(06).

[92] 胡建华, 侯文崎, 叶梅新. PBL剪力键承载力影响因素和计算公式研究[J]. 铁道科学与工程学报, 2007(06).

[93] 胡建华, 叶梅新, 黄琼. PBL剪力连接件承载力试验[J]. 中国公路学报, 2006(06).

[94] Isabel V, Paulo JSC. Experimental Analysis of Perfobond Shear Connection Between Steel and Light-Weight Concrete[J]. Journal of Constructional Steel, 2004,60(3):465-479.

[95] 张霞, 向中富. 钢-砼组合梁中两种新型连接件的有限元分析[J]. 重庆交通学院学报, 2007(02).

[96] 李小珍, 肖林, 张迅, 等. 斜拉桥钢-混凝土结合段PBL剪力键承载力试验研究[J]. 钢结构, 2009(09).

[97] 刘永健,张宁,张俊光. PBL加劲型矩形钢管混凝土的力学性能[J]. 建筑科学与工程学报,2012,29(04):13-17.

[98] Hosakat T, Kaoru M, Hirokazu T. Study on Shear Strength and Design Method of Perfobond Strip[J]. Japanese Journal of Structural Engineering, 2002,48(A).

[99] 刘永健, 张俊光, 黄健超, 等. 双层桥面三桁刚性悬索加劲钢桁梁桥全桥试验模型[J]. 建筑科学与工程学报, 2008(03):61-65.

[100] 刘永健, 张俊光, 徐开磊, 等. 设纵肋钢箱混凝土轴压短柱试验研究[J]. 建筑结构学报, 2011(10):159-165.

[101] 中华人民共和国国家标准. GB/T 2975—1998 钢及钢产品力学性能试验取样位置及试样制备[S]. 北京:中国建筑工业出版社,1998,1-36.
[102] 中华人民共和国国家标准. GB/T 228.1—2010 金属室温拉伸试验方法[S]. 北京:中国建筑工业出版社,2010,1-25.
[103] 中华人民共和国国家标准. GB/T 50081—2002 普通混凝土力学性能试验方法标准[S]. 北京:中国建筑工业出版社,2002,1-47.
[104] 荣彬. 方钢管混凝土组合异形柱的理论分析与试验研究[D]. 天津:天津大学, 2008.
[105] 李黎明. 矩形钢管混凝土柱力学性能研究[D]. 天津:天津大学, 2007.
[106] 张正国. 方钢管混凝土柱的机理和承载力的分析[J]. 工业建筑, 1989(11).
[107] 卢方伟. 新型钢管混凝土构件的理论和试验研究[D]. 上海:上海交通大学, 2007.
[108] 陈勇. 新型薄壁钢管混凝土柱静力性能研究[D]. 哈尔滨:哈尔滨工业大学, 2006.
[109] 过镇海, 时旭东. 钢筋混凝土原理和分析[M]. 北京:清华大学出版社, 2003.
[110] 中华人民共和国国家标准. GB 50010—2002 混凝土结构设计规范[S]. 北京:中国建筑工业出版社, 2002.
[111] 王玉银, 张素梅. 圆钢管高强混凝土轴压短柱性能的试验研究[J]. 哈尔滨工业大学学报, 2004(12):1646-1648.
[112] 王茜. 钢桥塔与组合桥塔受力性能试验研究[D]. 西安:长安大学, 2008.
[113] 郭鑫, 阳震宇, 乔建东. 基于 ANSYS 的钢管混凝土拱桥抗震分析[J]. 铁道标准设计, 2003(04).
[114] 陆新征, 江见鲸. 用 ANSYS Solid 65 单元分析混凝土组合构件复杂应力[J]. 建筑结构, 2003(06).
[115] 罗业辉, 赵海涛, 邓仕涛. 应用 ANSYS 软件进行碾压混凝土重力坝非线性有限元静力和动力分析[J]. 西北水电, 2005(02).
[116] 王琳鸽, 张耀庭. 压区粘钢加固钢筋混凝土梁的 ANSYS 分析[J]. 工程力学,2010(S1).
[117] 赵同峰, 王连广, 安山河, 等. 方钢管钢骨高强混凝土轴压柱有限元分析[J]. 东北大学学报(自然科学版), 2011(07).
[118] 钟善桐. 国产建筑钢材弹塑性阶段工作性能和泊松比的实验研究[J]. 哈尔滨建筑工程学院学报, 1979(1):18-30.
[119] 王新敏, 李义强, 许宏伟. ANSYS 结构分析单元与应用[M]. 北京:人民交通出版社, 2011.
[120] 王新敏. ANSYS 工程结构数值分析[M]. 北京:人民交通出版社, 2007.
[121] 肖阿林. 钢骨-钢管高性能混凝土轴压组合柱受力性能与设计方法研究[D]. 长沙:湖南大学, 2009.
[122] 黄翔宇, 石少卿, 尹平. 高强钢管混凝土短柱轴压承载力试验和有限元分析[J]. 四川建筑科学研究, 2005,31(3):22-27.
[123] 江韩. 轴心受压双钢管混凝土短柱的理论分析和试验研究[D]. 南京:东南大学, 2007.

[124] Zhang J G, Liu Y J, Yang J, et al. Experimental Research and Finite Element Analysis of Concrete-Filled Steel Box Columns with Longitudinal Stiffeners[J]. Advanced Materials Research, 2011,287:1037-1042.

[125] Zeghiche J, Chaoui K. An experimental behaviour of concrete-filled steel tubular columns [J]. Journal of Constructional Steel Research, 2005,61(1):53-66.

[126] Tomii M, Sakino K. Experimental studies on concrete filled square steel tubular beam-columns subjected to monotonic shearing force and constant axial force[J]. Transactions of the Architectural Institute of Japan, 1979,281:81-90.

[127] Chitawadagi M V, Narasimhan M C, Kulkarni S M. Axial capacity of rectangular concrete-filled steel tube columns-DOE approach[J]. Construction and Building Materials, 2010,24(4):585-595.

[128] 卢方伟, 李四平, 孙国钧. 方钢管混凝土轴压短柱的非线性有限元分析[J]. 工程力学, 2007(3):110-114.

[129] 韩林海, 陶忠. 方钢管混凝土轴压力学性能的理论分析与试验研究[J]. 土木工程学报, 2001(02).

[130] 李小伟, 赵均海, 朱铁栋, 等. 方钢管混凝土轴压短柱的力学性能[J]. 中国公路学报, 2006(04).

[131] 刘永健, 张俊光, 张国玺, 等. 节段拼接的钢箱柱稳定承载力试验研究[J]. 建筑结构学报,2010(S1).

[132] ACI 318-05. Building code requirements for structural concrete and commentary[S]. Detroit,USA: American Concrete Institute,2005.

[133] London,UK: British Standards Institutions BS5400,2005. Steel,concrete and composite bridges,Part5:Code of practice for design of composite bridges[S]. 2005.

[134] Eurocode 4(EC4). Design of steel and concrete structure-part1-1:General rules and rules for building [S]. EN 1994-1-1:2004. Brussels:European committee for standardization.

[135] 中华人民共和国行业标准. DBJ 13-51—2003 钢管混凝土结构技术规程[S]. 福州: 福建省建设厅, 2003.

[136] 中华人民共和国行业标准. CECS 159—2004 矩形钢管混凝土结构技术规程[S]. 北京: 中国计划出版社, 2004.

[137] 陈辉. 轴压作用下钢管混凝土矩形柱的组合刚度研究[D]. 武汉:武汉理工大学, 2010.

[138] 邓远征. 钢骨-钢管混凝土轴压短柱的组合轴压刚度研究[J]. 水运工程, 2009(11): 45-47.

[139] 徐亚丰, 向常艳, 赫芳. 钢骨-钢管混凝土组合柱轴压组合刚度分析[J]. 钢结构, 2008(11):13-15.

[140] 钟善桐. 钢管混凝土刚度的分析[J]. 哈尔滨建筑大学学报, 1999(3):13-18.

[141] 康希良, 赵鸿铁, 薛建阳, 等. 钢管混凝土柱组合轴压刚度的理论分析[J]. 工程力学, 2007(1):101-105.

[142] 马欣伯，张素梅．各国规程关于圆钢管混凝土构件刚度计算方法的介绍与比较[J]．工业建筑，2004(02)．
[143] 王玉银．圆钢管高强混凝土轴压短柱基本性能研究[D]．哈尔滨：哈尔滨工业大学，2003．
[144] 中华人民共和国行业标准．CECS 28:90 钢管混凝土结构设计与施工规程[S]．北京：中国工程建设标准化协会，1991．
[145] 日本建筑学会．充填钢管构造设计施行指针[S]．1997．
[146] Chiaki Matsui, Jun´ichi Sakai, Hitaka T. SRC Standards and Test of CFT Frames CFT structures in Japan[S]. 2001.
[147] 中华人民共和国行业标准．JCJ 01—89 钢管混凝土结构设计与施工规程[S]．上海：同济大学出版社，1989．
[148] 中华人民共和国经济贸易委员会．DL/T 5085—1999 钢—混凝土组合结构设计规程[S]．北京：中国电力出版社，1999．
[149] AISC. Load and Resistance Factor Design Specification for Structural Steel Buildings[S].
[150] 徐亚丰，贾连光．钢骨—钢管混凝土结构技术[M]．北京：科学出版社，2009．
[151] 成戎，王志浩，石潇岩．加劲肋在大宽厚比方钢管混凝土柱中的应用[J]．工业建筑，2008(1):100-102．
[152] 林春姣，郑皆连，秦荣．钢管混凝土拱肋混凝土脱空研究综述[J]．中外公路，2004(6):54-58．
[153] 黄永辉．钢管混凝土拱桥拱肋病害机理与影响分析及吊杆更换技术研究[D]．广州：华南理工大学，2010．
[154] 杨世聪，王福敏，渠平．核心混凝土脱空对钢管混凝土构件力学性能的影响[J]．重庆交通大学学报(自然科学版)，2008(3):360-365．
[155] 涂光亚．脱空对钢管混凝土拱桥受力性能影响研究[D]．长沙：湖南大学，2008．
[156] 中华人民共和国行业标准．GB 50010—2002 混凝土结构设计规范[S]．北京：中国建筑工业出版社，2002．
[157] 中国工程建设标准化协会．CECS 21—2000 超声法检测混凝土缺陷技术规程[S]．北京：中国计划出版社，2001．
[158] 张宏，余钱华，吕毅刚．超声透射法检测钢管拱桥拱肋混凝土质量应用研究[J]．土木工程学报，2004,37(8):50-53．
[159] 蔡奇，杨帡，王璐，等．超声法检测钢管混凝土缺陷关键技术试验研究[J]．建筑结构，2011,41(3):81-83．
[160] 朱美春．钢骨—方钢管自密实高强混凝土柱力学性能研究[D]．大连：大连理工大学，2005．
[161] 谭克锋，蒲心诚．钢管超高强混凝土长柱及偏压柱的性能与极限承载能力的研究[J]．建筑结构学报，2000(02)．
[162] 傅中秋，吉伯海，胡正清，等．钢管轻集料混凝土长柱轴压性能试验研究[J]．东南大学学报(自然科学版)，2009(03)．

[163] 顾维平, 蔡绍怀, 冯文林. 钢管高强混凝土长柱性能和承载能力的研究[J]. 建筑科学, 1991(03).

[164] 郭兰慧, 张素梅, 王玉银, 等. 矩形钢管高强混凝土中长柱轴压构件的试验研究与理论分析[J]. 工业建筑, 2005(03).

[165] 顾威, 赵颖华. CFRP 钢管混凝土轴压长柱试验研究[J]. 土木工程学报, 2007(11).

[166] 顾威, 赵颖华, 贾永新. CFRP 钢管混凝土长柱承载力的研究[J]. 工程力学, 2008(07).

[167] 张耀春, 许辉, 曹宝珠. 薄壁钢管混凝土长柱轴压性能试验研究[J]. 建筑结构, 2005(01).

[168] 吉伯海, 周文杰, 王晓亮. 钢管轻集料混凝土中长柱轴压性能的试验研究[J]. 建筑结构学报, 2007(05).

[169] 王宏伟, 徐国林, 钟善桐. 空心钢管混凝土长柱轴压性能的试验研究[J]. 工业建筑, 2006(12).

[170] 吉伯海, 周文杰, 胡正清, 等. 核心混凝土性能对钢管混凝土稳定系数的影响研究[J]. 世界桥梁, 2007(3):39-41.

[171] 陈宝春, 陈友杰. 钢管混凝土肋拱面内受力全过程试验研究[J]. 工程力学, 2000(2):44-50.